成功不在先天，不靠外在，关键在于思维长见。

不一样的
成功启示录

BUYIYANG DE
CHENGGONG QISHILU

李志敏 ◎ 改编

民主与建设出版社
·北京·

© 民主与建设出版社，2021

图书在版编目（CIP）数据

不一样的成功启示录 / 李志敏改编 . —北京：民主与建设出版社，2016.1（2021.4 重印）

ISBN 978-7-5139-0909-9

Ⅰ . ①不… Ⅱ . ①李… Ⅲ . ①成功心理—通俗读物Ⅳ . ① B848.4-49

中国版本图书馆 CIP 数据核字（2015）第 269660 号

不一样的成功启示录
BUYIYANG DE CHENGGONG QISHILU

改　　编	李志敏
责任编辑	王　倩
封面设计	天下书装
出版发行	民主与建设出版社有限责任公司
电　　话	（010）59417747　59419778
社　　址	北京市海淀区西三环中路 10 号望海楼 E 座 7 层
邮　　编	100142
印　　刷	三河市同力彩印有限公司
版　　次	2016 年 1 月第 1 版
印　　次	2021 年 4 月第 2 次印刷
开　　本	710 毫米 ×944 毫米　1/16
印　　张	13
字　　数	130 千字
书　　号	ISBN 978-7-5139-0909-9
定　　价	45.00 元

注：如有印、装质量问题，请与出版社联系。

前言 PREFACE

　　现今的社会是成功人士的社会。随着网络等媒体的发展,社会资讯的发达,成功人士一下子充满了整个社会。环顾四周,几乎都是成功人士;浏览网络,似乎都是成功经验。但是,仔细分析这些人士的言论,却发现他们并没有什么独特的地方。那他们的成功究竟在什么地方呢?

　　《不一样的成功启示录》这本书就带着你一起去分析,去总结,去提炼那些成功人士的经验,条分缕析,找出隐藏在他们的言论背后的秘密。

　　首先,我们可以从他们的言论中看到,那些我们早就熟悉的东西,比如熟能生巧、珍惜时间、勇于付出……的确是成功的组成部分。《不一样的成功启示》一书并不讳言于此,并结合具体事例进行了分析,希望给读者崭新的感受。

　　其次,《不一样的成功启示录》一书对成功的方式方法进行了总结,认为成功是有规律的,成功应该由以下几个方面组成:才智、社会环境、机遇、勤奋。但是,是不是说掌握了成功的规律,我们就一定能够得到异彩纷呈的人生呢。其实不是这样的。本书将通过具体的事例进行分析，得出成功的规律发挥作用的前提条件，那就是一个人要正视自己周围的环境，把握好每一次机遇。

俗话说："提前一步是天才，提前两步就是疯子"。当今社会是一个开放的社会，人员的流动，资金的流动，宽松的社会政治环境，这都是成功的必要条件。一个人要想成功，必须对社会环境进行分析，找到适合当今社会的路，这是成功的必要条件。如果不顾社会现实，只想迈开大步向前走，那只会跌倒，不会成功。本书的作者相信，当今的成功人士和希望成功的人对这些心知肚明，所以不再进行分析。

我们常常忽略的，还有我们经常谈到的机遇。莎士比亚说："好花盛开，就该尽先摘，慎莫待。美景难再，否则一瞬间，它就要凋零萎谢，落在尘埃。"的确是这样，只有把握住人生的每一份机遇，人生才能成功。那我们怎样才能获得机遇呢？首先是开放的眼界，扎实的知识，强大的能力，机遇青睐有准备的人，只有有了充足的准备，才能在机遇到来时把它抓住；其次，还要有乐观、积极向上的心态。机遇本无所谓好坏，积极的心态会把坏机会变成好机会；再次，机遇还需要有积极的行动把它变为现实。抓在手里的机遇，如果不行动，也会从手缝中悄然溜走。最后，我们还应认识到，从机遇到成功，中间要经历一段漫长而坎坷的路，只有迎难而上，坚忍不拔，才能获得真正的成功。可以说，人生的得失，就在于机遇的得失。只有抓住机遇，才有可能赢得人生最大的收获与成功。

《不一样的成功启示录》从各个方面分析了机遇的产生以及抓住机遇所需要的各种条件。

需要提醒大家的是,《不一样的成功启示录》这本书中提到的每一位成功人士,其实在抓住机遇的基础上都付出了比普通人更多的辛勤汗水。

希望这本书能给渴望成功的人一些有益的启示。

目 录

前言 ·· 1

第一章　最美的风景在终点

01　只有心存希望,才能生命不息 ················ 2
02　努力活着,体会生命的伟大 ·················· 3
03　身处黑暗,米粒之光就是希望之火 ············ 6
04　请享受生命的过程,无论是苦是甜 ············ 7
05　再坚持一下,结果就会截然不同 ·············· 11
06　全身心地投入自己的事业 ···················· 13
07　不要让昨日的沮丧影响明天 ·················· 17

第二章　请抓住你手里机遇的鸟

01　珍惜把握每一次机遇,因为擦肩而过的可能是最后的机遇
·· 20

02　机遇就在身边,只看你的把握 …………………………… 21

03　机遇不仅需要把握,还需要创造 …………………………… 23

04　习惯成自然,惯性思维会让你错过机遇 …………………… 25

05　为了一线机遇,时刻准备着 ………………………………… 27

06　时刻保持警醒,别让机遇擦肩而过 ………………………… 29

07　一念之间,进退两重天 ……………………………………… 31

第三章　想要成功首先要敢于成功

01　敢于抓住机遇,成功近在咫尺 ……………………………… 34

02　学会说"不",是肯定自己的第一步 ………………………… 37

03　死需要勇气,而生更需要勇气 ……………………………… 39

04　匹夫之勇不是勇 ……………………………………………… 42

05　面对奇迹,选择谨慎而勇敢地相信 ………………………… 44

06　所谓幸福,在于你的取舍 …………………………………… 47

07　学会变通,墨守成规只能落后于人 ………………………… 50

08　困难面前,不要失掉一往无前的勇气 ……………………… 52

第四章　相信自己是必不可少的

01　正能量启示录:你也是"稀世珍宝" ………………………… 56

02　太在意别人的眼光,只会让自己活得累 …………………… 57

03　与其执着拜倒,不如大胆超越 ……………………………… 59

04　认识你自己,是最大的救赎 ………………………………… 61

05	真正的价值,不会因各种摧残而贬值	63
06	自信的你,才是最美的你	64
07	英雄不问出处,成功源于自信	66

第五章　有志者事竟成

01	明确目标,坚持你的坚守	70
02	人生如棋局,屡败屡战矣	71
03	信念不倒,永不言弃	74
04	信念与毅力是理想的翅膀	76
05	等不及成功,就只能等待失败	78
06	成功之必备:持之以恒	80
07	坚持到最好一秒,成功就在那里	82
08	没有什么是永恒的,只需要耐心	83

第六章　你才是自己生命的掌舵者

01	慎重选择,因为那关系到未来	86
02	抛开一切干扰,只做自己	87
03	有坚持的信念,才会有坚持的生命	89
04	只要你怀抱梦想,平凡终将伟大	91
05	让目标近在眼前,梦想不再遥不可及	94
06	坚持目标,拒绝诱惑还是困难	96

第七章 良好的沟通,成功的基础

01 信任,一剂挽救灵魂的良药 …………………… 100

02 相互信任,打开心灵之锁 ……………………… 101

03 信任与关爱,婚姻的基石 ……………………… 103

04 宽容与理解,化解矛盾的利器 ………………… 105

05 宽恕,做人的境界 ……………………………… 107

06 缺点,因宽容而大有作为 ……………………… 108

07 宽容可以打开爱的大门,化解恩怨 …………… 110

08 宽容,人生美丽的风景线 ……………………… 112

09 照亮别人,照亮自己 …………………………… 113

第八章 逝者如斯,珍惜时间

01 合理利用时间,才是珍惜时间 ………………… 118

02 说做就做,不留遗憾 …………………………… 119

03 浪费时间,等于浪费生命 ……………………… 121

04 适时放慢脚步,欣赏下人生的风景 …………… 123

05 回忆也是一种珍贵的幸福 ……………………… 126

06 把握现在所拥有的幸福 ………………………… 129

07 把握今天,才能创造美好的明天 ……………… 133

第九章　细节决定成败

- 01　小细节,可以成就大未来 ………… 138
- 02　习惯决定命运 ………… 139
- 03　注重细节,才能立于不败之地 ………… 141
- 04　不积小流无以成江海 ………… 143
- 05　小不忍则乱大谋 ………… 145

第十章　诚信,成功的名片

- 01　诚实,成功的敲门砖 ………… 148
- 02　诚信,比金钱更重要 ………… 150
- 03　诚信,改变命运的良方 ………… 151
- 04　真诚,快乐的根源 ………… 153
- 05　赠人玫瑰,手留余香 ………… 154
- 06　真诚,让战争停火 ………… 156
- 07　爱,改变世界 ………… 158
- 08　态度不同,人生不同 ………… 160

第十一章　心存感恩,世界更美好

- 01　不幸,幸运的开始 ………… 164
- 02　感恩,让世界充满爱 ………… 165
- 03　感谢你的对手 ………… 166

04	父母养育之恩大于天,感恩父母之爱	167
05	乐观面对失败,就会快乐	169
06	感恩每一个为你付出过的人	171
07	时刻保持仁爱之心待人	174

第十二章 良好的心态,成就快乐人生

01	乐观的人总是看到希望	180
02	打开不同的心灵之窗,看到不同的风景	181
03	欲望,会失去快乐	182
04	一次失去也是另一个新的开始	184
05	不要被遥远的未来吓倒	187
06	黑夜过去之后黎明就会来到	190
07	失去了一切,你还拥有未来	193

第一章

最美的风景在终点

要想欣赏沿途的风景,就必须走到道路的终点;要想感知生命的精彩,就必须珍惜生命的存在。有生命在就有希望在,有希望在就有美好的未来。

01 只有心存希望，才能生命不息

人生启示：

有很多时候，只要给自己希望，就一定可以挽救生命。

一艘船在大海中遇上了猛然而来的风暴，沉没了，船上人员死伤无数。他侥幸地获得一个小小的救生艇而幸免于难。他的救生艇在风浪上颠簸起伏，如同树叶一般被吹来吹去。他迷失了方向，救援人员也没有找到他。天渐渐地黑下来，饥饿寒冷和恐惧一起袭上心头。然而，他除了这个救生艇之外，一无所有，灾难使他丢掉了所有的东西，甚至自己的眼镜。他的心灰暗到极点，他无助地望着天边。

忽然他看到一片片灯光，他高兴得几乎叫了起来。他奋力地划着小艇，向那片灯光前进。然而，那片灯光似乎很远，天亮了，他也没有到达那里。他继续艰难地划着小艇，他想那里既然能看到灯光，就一定是一座城市或者港口，生的希望在他心中燃烧着。白天时，灯光看不清了，只有在夜晚，那片灯光才在远处闪现，像是对他招手。就这样，三天过去了，饥饿、干渴、疲惫更加严重地折磨着他，有几次他都觉得自己快要崩溃了，但一想到远处的那片灯光，他又陡然增添了许多力量。第四天，他依然在向那片灯光划着，划着。

最后，他终于支持不住昏迷了过去，但他脑海中依然闪现着那片灯光。

晚上，他终于被一艘经过的船只救了上来。当他醒过来时，大家才知道,他已经不吃不喝在海上漂泊了四天四夜。当有人问他,是怎么样坚持下来时,他指着远方的那片灯光说:"是那片灯光给我带来了希望。"大家望去,哪里有什么灯光啊,那只不过是天边闪烁的星星而已!

心灵絮语

希望让我们相信现在的悲惨和不如意是可以转化的,希望就像在广阔的荒原中看见远处有一丛茂盛的花;希望不管最终能否实现,但在开始的时候它的确给予了人很大的动力,它让很多人产生了不可估量的力量,战胜了巨大的困难。希望是生命的寄托,希望是成功的支柱,希望是前进的灯塔。只要希望之火不灭,成功和胜利将最终属于你!

02 努力活着,体会生命的伟大

人生启示:

我们要学会勇敢地生存下去,哪怕身心伤痕累累。

在一次惨烈的战役后,有一位伤痕累累的士兵躺在战壕中,他不愿再忍受痛苦,只希望能够早一点结束自己的生命。

一位同样满身伤痕的将军走过来,他是来看看这位士兵伤得怎么样的。

望着将军的佩剑,不堪忍受伤痛的士兵用恳求的语调说:"将军,

不一样的成功启示录

帮帮我吧,我实在无法忍受了。"

将军威严地说:"你是一个士兵,只要还有一口气,就要战斗下去!"

其实人生有时就像战场一样,在我们漫长的人生路途上,我们不也是经常伤痕累累吗?看得见的,看不见的,我们不也都走过来了吗?什么时候曾想到放弃?就因为我们感到痛苦不堪,我们就要去逃避那浑身的伤痛吗?

平凡的生活中也有想放弃生命的人。他们或者觉得累,或者觉得伤痛,生命对他们来说是一种负担。下面的故事说的就是这一点:

有一个人觉得命运对他太不公平了,觉得活着没有意义,他想自杀。结果他遇到了一个患有重病的人,这样的人活着还有什么意思?于是他说:"活着多辛苦啊,早一点儿结束不是更好吗?"

"我并不知道什么时候死神会来召唤我。"重病人说,"但是我绝对不会主动地去向死神报到。"

"那你岂不是自找罪受?"想自杀的人说。

"即使是面对再多的苦难,我还是想自己能活着。"重病人说,"我不知道死亡会不会是一种轻松,但我知道我现在很好"。

对于我们活着的人来说,死后没有痛苦,是一种平静的终结。真的死后会不会得到一种轻松?这只有死去的人才知道,但所有死去的人都不能再回来,因此,活着的人也就没人知道。但是只有活着,才能够知道怎样才是一种活着的轻松。

勇敢地面对活有时比敢死更可贵,因为生命是短暂的,因而它也是宝贵的。生命一旦来到这个世界上,便负有庄严的使命,所以我们

要真实地面对,而且活得尽可能地精彩,在这短暂而又宝贵的生命里,善待生命,好好活着,抓住生命中的每一个瞬间。

心灵絮语

生命对于每一个人来说,仅仅只有一次,一旦结束,就不能重新开始了。所以生命是无价之宝,是任何东西都无法代替的。生命本身就是一个苦难的历程,唯有通过磨难,生命才能放射出内在的光芒。曾经一次次的风风雨雨,我们都勇敢地走过了。我们没有必要放弃一种现有的幸福去对一种未知产生遥不可及的期待,更没有必要放弃一种活着的权利去期望死后的安宁。

03　身处黑暗，米粒之光就是希望之火

人生启示：

失去眼前的火把，远处的星光会为你指引出路。

有一个赶夜路的商人，在穿越一座山中的密林时，遇到了一个山贼拦路抢劫。商人立即逃跑，无奈山贼穷追不舍。在走投无路的时候，商人钻进了一个漆黑的山洞里，希望能躲过一劫，那山贼竟然也追进山洞里。这是个迷宫一般的连环洞，然而在洞的深处，商人仍然未能逃过山贼的追逐。黑暗中，商人被山贼逮到了，一顿毒打之后，身上所有的财物，包括一把夜间照明用的火把，统统被山贼抢劫去了。唯一走运的是山贼并没有要他的命，或许是认为他没有了火把，在这样的山洞里是走不出去了吧。

山贼将抢来的火把点燃之后，独自走了，商人也摸索着爬了起来，两个人开始各自寻找着洞的出口。无奈的是这山洞极深极黑，而且洞中有洞，布局一样，纵横交错，不知道的人永远也走不出去。

山贼有了火把照明，能够看清脚下的路，因而不会被石块绊倒；他也能看清周围的石壁，所以他也不会碰壁。令人难以置信的是：他走来走去，始终走不出这个山洞，最终，他因力竭而死于洞中。商人由于失去了火把，所以看不到眼前的路，只能在黑暗中摸索行走。因为几乎看不到一点点路，他不是碰壁就是被石块绊倒，跌得鼻青脸肿。幸运的是，也正因为商人置身于黑暗之中，所以他的眼睛对光的感觉也

就异常敏锐,他感受到了洞外透进来的极微弱的星光,迎着这缕微弱的希望之光摸索爬行,历尽艰辛后,终于逃离了山洞。

仔细想想,世间的事大抵如此。许多人往往被眼前耀眼的光明迷失了前进的方向,最终碌碌无为;而另外一些身处黑暗中的人却迎着那点微弱的希望,磕磕绊绊,最终走向了成功。

心灵絮语

在生命的漫漫征途上,不要因为一时的失意而心灰,也不要因为一时的迷茫而气馁,愈是置身黑暗中的人就愈有希望看到光明,只要不放弃,生命的花朵会为你绽放。而置身光明的人也不要被迷失,生命就在于不断的努力,不懈的坚持!

04 请享受生命的过程,无论是苦是甜

人生启示:

不要因痛苦就把生命时光抛弃!

有一个12岁的小男孩,他不喜欢父亲常叫他帮忙做家务,也讨厌老师要他上课读书,所以他经常逃课,每一天都过着浑浑噩噩的生活。

有一天,他又逃课了。他来到森林里面,遍地绿草鲜花,使他感到非常舒服,于是就在花丛中躺下来休息。忽然,一位美丽的仙女出现在他面前,对他说:"我送给你一件非常奇特的礼物吧!"

男孩兴奋地问:"是什么东西呀?"

不一样的成功启示录

只见仙女拿出一个圆形的小银盒,笑着对他说:"这是一个奇妙的宝盒。它有着奇特的功能!这里面有一条金丝,它代表时间,每当你觉得不快乐时,只要把金丝轻轻的抽一下,不快乐的时光便会立即过去。

不过,你绝不可以再把金丝拉回去,如果你这样做,便会悲惨地死去。还有,你一定要想好再抽那金丝,因为当你把金丝全部抽完,你也会死去。除此之外,你千万不能让其他人看这宝物,否则你也会死去。"

男孩非常高兴地说:"非常感谢你!我会好好保管和使用它的!"说完便从仙女手中接过银盒金丝,小心翼翼地收入怀里。他害怕被别人看见,但是他不知这个宝物是否有那么神奇,心里迫不及待要试用它。

第二天下午,刚上课一会儿,男孩已经想回家了,可是老师仍然不停地说着,看情况可能又要多留一个多小时,他觉得无聊极了。对了,试一下那银盒是不是真那么神奇!于是他偷偷地把手伸入怀里,轻轻地抽出一小段金丝。神奇的事情发生了:老师已经叫学生收拾课本,可以回家了。男孩非常高兴,第一个冲出课堂,一蹦一跳地回家玩耍去了。

从那天开始,每当男孩遇到不愉快的事情时,都会把金丝轻轻一抽,不愉快的事便会在一刹那间消失。

一天,男孩忽然想道:"我为什么要到学校上课啊?我想立即长大,像其他大人一样去工作赚钱。自己有钱多好啊!"

于是男孩把金丝抽出比平时要长好多的一段,他立即变成年轻力壮的小伙子。他到一间工厂里去做木工,自己有了收入,更可以自由自在地花钱了,他很开心。不幸的是,他们的国家和邻国开始了战争,男孩被征召去当兵。战争是多么的残酷无情啊!他非常害怕会在战场上牺牲。男孩就用他的宝贝来结束战争。于是他又把金丝抽出长长的一段。

时间到了战争之后,他已经结婚了。又一年之后,他的第一个儿子出生了,但不久就生病了,整日哭着无法安然入睡。他看到儿子如此痛苦,爱子心切,又把银盒内的金丝轻轻一抽,儿子马上康复了。

有一天他的妻子生病了,十分痛苦。他想再把金丝抽出一点,却担忧自己会因金丝被全部抽出而死去。犹豫再三,他实在不忍心看妻子受苦,最终还是小心地把金丝抽出了一点儿,他的妻子便康复了,但他的母亲却更加衰老了。

又没过多久,他的母亲因为年老体弱,得了重病,他想起了自己的金丝,心想抽出一段,母亲便可像儿子和妻子一样好起来。可是当他用手一抽,母亲便永远地闭上了眼睛,与世长辞。

母亲的去世给了他很大的打击:"为什么生命是如此短促、冷酷无情?我还未好好地活过,母亲就离我而去了,妻子也一天比一天衰老了!"他感到了困扰和痛苦。都是那银盒惹的祸!我不愿再这样了。他又来到小时候来的那个森林,那里一切景致和初次来时一模一样,不同的是他自己现在年老力衰,没走多远便已气喘吁吁了,于是他就坐下来休息。

这个时候,那位曾送他银盒金丝的仙女又突然出现了,问他:"这个宝贝是不是很好用呢?一定让你少了好多不快与痛苦吧?"

不一样的成功启示录

他回答:"你还说它好用!它把我害惨了。"

仙女不高兴地说:"你这个不知感恩的人,我把天下最好的宝物给你,你却一点不感激,也不欣赏它、珍惜它!居然说我在害你!"

他说:"现在,我的母亲死了,妻子也老了。再看看我的样子,我还没有好好活过,就已经老了。你还说不是在害我!"

仙女看他满脸的痛苦,就平静和蔼地对他说:"既然这样,你把银盒金丝还给我,我再帮你完成一个心愿作为补偿好不好?"

他毫不犹豫地把银盒金丝递还给仙女,并说道:"好!我希望能回到当初第一次遇见你的时候。"

仙女微笑着点了点头,接过银盒金丝姗然离去。

这时,男孩醒了,睁开眼,发现自己正睡在自己的床上,原来是一场梦!但给他的感觉却这么真实!

心灵絮语

生命是由时间组成的,时间一旦逝去便永不会回来,所以说生命的意义就在于过程。没有谁一生不经历曲折坎坷,幸福快乐也好,痛苦悲伤也罢,都是一笔财富。每一段都有精彩之处,看似苦难的事情背后都隐藏着快乐,就看我们怎样去发现,如何去享受和珍惜。

05　再坚持一下，结果就会截然不同

人生启示：

坚持的昨天叫立足;坚持的今天叫进取;坚持的明天叫成功。

牛津大学曾举办了一个关于"成功秘诀"的讲座,邀请到了伟人丘吉尔做演讲。

演讲开始之前,整个会堂就已挤满了各界人士,人们准备洗耳恭听这位大政治家、外交家、文学家的成功秘诀。终于丘吉尔在随从的陪同下走进了会场,会场上马上掌声雷动。

丘吉尔走上讲台,脱下大衣交给随从,然后又摘下了帽子,用手势示意大家安静下来,说:"我的成功秘诀有三个:第一是决不放弃;第二是,决不、决不放弃;第三个是决不、决不、决不能放弃！我的讲演结束了。"

说完后,丘吉尔便穿上大衣,带上帽子离开了会场。会场上陷入一片沉寂中。但不一会儿,全场响起了雷鸣般的掌声。

在人生路上,我们要坚守"永不放弃"的两个原则。第一个原则是永不放弃,第二原则是当你想放弃时回头看第一个原则:永不放弃！

成功者与失败者并没有多大的区别,只不过是失败者走了九十九步,而成功者却多走了最后一步,即第一百步。失败者跌倒的次数比成功者多一次,成功者站起来的次数比失败者多一次。

有人做了这样一个试验。

不一样的成功启示录

把一条鳄鱼放在一个中间被隔开的透明玻璃缸中,缸中的一边放着鳄鱼,另一边则放了鳄鱼的美食——鱼虾。鱼虾和鳄鱼被玻璃从中隔开。开始的时候,饥饿的鳄鱼向玻璃对面的鱼虾发动了猛烈的进攻。第一次失败了,第二次被撞得头破血流,第三次、第四次还是如此,于是鳄鱼放弃了努力。当玻璃被撤掉后,游动着的鱼虾就在鳄鱼嘴边,但鳄鱼没有做任何行动,最后还是被活活地饿死了。

鳄鱼之所以最后被饿死,就是因为其经受不起失败,面对失败,它选择了放弃了努力,而放弃最终导致了灭亡。

自古就有"持之以恒"这一说。它是告诉人们无论做什么事情,只要能坚持下去,就会成功。自古还有句话,叫"世上无难事,只怕有心人"。没错,有些事情对于做之前的你来说确实很困难,但是只要你有恒心,坚持不懈地努力,早晚会有成功的一天。

历史如沉沙折戟,自将磨洗;是坚持,让刘禹锡历经了"二十三年弃置身"的悲苦后,终成出淤泥而不染的清莲;是坚持,让苏子瞻身陷"乌台诗案"而坚持写出"老夫聊发少年狂";是坚持。让柳永全然不顾衣带渐宽,而留下了千古佳话。曹雪芹举家食粥坚持写下了不朽的红楼梦;欧阳修年幼丧父笃学成材;匡衡家境贫寒坚持凿壁借光,终成一代大学士。圣贤们正用亲身经历向我们诉一个真理:坚持,是通向成功的不可缺少的条件。

现实生活中人们总赞扬那些勇于拼搏、坚持到底的人,因为他们的人生态度是积极的,给人以美的享受。他们超越了自我,不畏艰辛,一路跋涉最终获得了物质上或精神上的充实。而意志薄弱的人,遇到困难不能坚持下去就放弃,最终是一事无成,甚至会悔恨终身。为什么不能选择挺直脊梁站起来,坚持到最后?

也许再坚持一下下,结果就会截然不同。

心灵絮语

有的人仅离成功一步之遥却放弃了,因为实在是坚持不下去,没有继续前行的力量了。有时候,成功离我们确实只有一步之遥,坚持一下,结果就会完全不一样了。人人都知道"贵在坚持"的真理,却很难达到那样的一种境界。不妨把自己的目标分成几个小目标,一个个坚持下来,也许这样更容易到达我们最终的目的地。

06 全身心地投入自己的事业

人生启示:

全身心地投入一件事,当你停下时发现,成功已经唾手可得了。

曾经在书里看过看过这样一个场景:

场景一:一望无际的田野上,一位农夫在祈祷:"主啊,如果您今年给我一些粮食,我保证明年会播下种子,并辛勤耕耘。"

场景二:学校里,学生对老师说:"如果这学期我的分数很糟糕的话,我的家人会责怪我不专心的。所以老师,如果您在这学期给我高分,我发誓下学期把心思都放在学习上,一定把学习搞好。"

场景三:公司里,秘书对经理说:"给我加薪吧,我会更加投入工作,更加尽心尽力的。"销售人员找到老板说:"让我做销售部主管吧,

13

不一样的成功启示录

我会真正让您看到我的能力,直到现在我都还没有使出我的真功夫呢!我只是需要一份管理别人的工作才能够全身心投入进去,才能更好地发挥才干。"

以上情景中的人都想着很好的结果,但他们投入了吗?全身心投入了吗?"天下没有免费的午餐""天上不会掉馅饼""一分耕耘一分收获"……这些最常被人们挂在嘴边的话,常常会被人忘记。如果我们想让生活、工作赐予我们什么,我们就必须得先付出、先投入。成功是依靠自己的努力一步步走出来的,所有成功者取得的成就并非来自上天的特别眷顾,而是来自于他们比别人付出了更艰辛的努力,投入了比别人更多的心血与汗水。

乔伊·柯斯曼出身贫寒,第二次世界大战后,他从部队退役,在宾州匹兹堡一家出口公司工作。他不是大学毕业生,又没有什么专门技术,每周只有35美元的薪水。

他急着想自己做生意。每天晚餐后,他就在厨房的桌子上,写信和全世界的投资商联络。在一年时间里,他发出了几百封信,但是由于地址错误,大多数都投递无门,这就耗尽了他所有的休闲时间。

有一天,他在《纽约时报》上看到一幅卖洗衣肥皂的广告,这类的肥皂当时还很稀少,他以电话证实了这项广告后,又开始对国外的投资商发信。

几个星期以后,他的银行通知他,有一封18万美元的信用状给他。这表示只要他能将肥皂运上船,这张信用状就可以兑现。信用状的有效期限只有30天,假若他在30天内不能装上船,信用状就作废。

柯斯曼的肥皂批发商告诉他在纽约有货。他所要做的事只是到

第一章 最美的风景在终点

纽约去安排肥皂装船事宜,当然还要处理一些财务上的问题。柯斯曼找到他的老板,向他请几个星期的假,但老板不准。柯斯曼只得找到一些匹兹堡的朋友,问谁愿意到纽约去办这件事,就可得到这项交易的一半利润。但是没有一个人愿意去。

柯斯曼最后无办法可想,又去找老板,声明假若不准他假的话,他只有辞职,老板看他这样执着,只有让步。柯斯曼和妻子在银行里只存了300美元,但妻子也尊重他的行为,她对他有信心。他们提出这仅有300美元,让柯斯曼带着上纽约去。

住进旅馆以后,柯斯曼又打电话找批发商。结果电话号码弄错了,也就没有地方去找这批发商。但柯斯曼仍然没有放弃。

他到图书馆找到一份肥皂公司的名录,回到旅馆后,他打电话问美国电话公司,仅电话费就用了80美元,最后他找到一家阿拉巴马的肥皂公司有这种肥皂,但必须由他自己去阿拉巴马提货。

柯斯曼找遍了纽约所有的货运公司,找到了一家以赊账方式来为他运3000箱肥皂的公司。这时候他又有了另一个麻烦,30天的期限浪费了很多,他是否还有足够的时间将肥皂运到纽约上船?

但柯斯曼仍显出对目标的执着专注。那些借钱给他的人都说,在他身上似乎有着某种东西使他们信任他会成功,而愿意将钱借给他。

他将肥皂运到纽约后,只剩下不到一天的装船时间。柯斯曼亲自动手帮忙装船。他们整整工作了一夜,到第二天中午,事情非常明显,他们在银行关门以前无法装完货。在银行关门前不到一个小时,柯斯曼只得离开装货码头,前去找轮船公司的总裁。

后来柯斯曼告诉朋友说:"当时我已经一星期没洗澡,由于帮忙将

15

不一样的成功启示录

肥皂装船,整夜没有睡。我满脸胡子,早饭钱还是向货车司机借的。肥皂公司的人追着我要肥皂的货款,货车公司也在催讨我欠他们的钱。旅馆等着我要钱,但不知道我的去向。甚至连我妻子也不知道我的下落。我的外表和我的感觉,仿佛我自己也需要用一箱肥皂来清洗。"就在这种情形下,他去到轮船公司总裁办公室,向总裁说明了全部事情的经过。这位总裁注视着他说:"柯斯曼,事情已做到这种程度,你不会失去这笔生意了。"说着总裁交给柯斯曼装货凭单——虽然肥皂未装完。这表示轮船公司愿意负责,要是货装不够,要由轮船公司赔偿损失。总裁派人将柯斯曼送到银行去。

这项交易的成功,使柯斯曼赚了3万美元,这对一个周薪35美元的人来说,可说是相当大的一笔财富了。

只有全身心地投入工作,工作才会给你汇报。成功永远只属于那些付出150%努力的人们。

心灵絮语

全身心的投入是一块聚焦镜,它会在你无形中将自己生命能量汇聚到一点,这种汇聚足以引爆你的潜在能量,在经过时光的打磨你的事业将一定会有所成功,也会因此令自己的人格魅力迸发出五彩缤纷的光芒。这种缤纷的光芒甚至会令自己也赞叹,因为自己看见了一个以前可能想都不敢想象的自己。而这,就是全身心投入的巨大魔力。

07 不要让昨日的沮丧影响明天

人生启示：

生命的价值就在于，不要让昨日的沮丧令明天的梦想黯然失色。

20世纪80年代，有位名叫安德森的模特公司经纪人，看中了一位身穿廉价产品不拘小节不施脂粉的大一女生。这位女生来自美国伊利诺州一个蓝领家庭，唇边长了一颗触目惊心的大黑痣。她从没看过时装杂志，没化过妆，要与她谈论时尚的话题，好比是牵牛上树。

每年夏天，她就跟随朋友一起，在德卡柏的玉米地里剥玉米穗，以赚取来年的学费。安德森偏偏要将这位还带着田野玉米气息的女生介绍给经纪公司，结果遭到一次次的拒绝。有的说她粗野，有的说她恶煞，理由纷纭杂沓，归根结底是那颗唇边的大黑痣。安德森却下了决心，要把女生及黑痣捆绑着推销出去。他给女生做了一张合成照片，小心翼翼地把大黑痣隐藏在阴影里。然后拿着这张照片给客户看，客户果然满意，马上要见真人。真人一来，客户就发现"货不对版"，客户当即指着女生的黑痣说："你给我把这颗痣拿下来。"

激光除痣其实很简单，无痛且省时。女生却说："去你的，我就是不拿。"安德森有种奇怪的预感，他坚定不移地对女生说："你千万不要除掉这颗痣，将来你出名了，全世界就靠着这颗痣来识别你。"

果然这女生几年后红极一时，日入3万美金，成为天后级人物，她就是名模辛迪·克劳馥。她的长相被誉为"超凡入圣"，她的嘴唇被称作芳唇（从前或许有人叫过驴嘴呢），芳唇边赫然入目的是那颗今天被

不一样的成功启示录

视为性感象征的桀骜不驯的大黑痣。

有一天,媒体竟然盛赞辛迪有前瞻性眼光。辛迪回顾从前,一次次倒抽凉气,成名路上多艰辛,幸好遇上"保痣人士"安德森。如果她除掉了那颗痣,就是一个通俗的美人,顶多拍几次廉价的广告,就淹没在繁花似锦的美女阵营里面。暑期到来,可能还要站在玉米地里继续剥玉米穗,与虫子、蜗牛为伍,以赚取来年的学费。

命运一直藏匿在我们的思想里。许多人走不出人生各个不同阶段或大或小的阴影,并非因为他们天生的个人条件比别人要差多远,而是因为他们没有思想要将阴影纸龙咬破,也没有耐心慢慢地找准一个方向,一步步地向前,直到眼前出现别开洞天的那一刻。

人确实会因为环境或者其他原因而暂时不能得到施展才华的舞台,但并不是就应因此一味大发牢骚,怨天尤人,把"怀才不遇"作为消沉的借口。"人才"不能依赖社会,坐等时机,而要去适应环境,努力寻找舞台,展示自身存在,实现自我价值。

"怀才"者不能幻想一开始就叱咤风云尽显风流,而应脚踏实地,才不会让自己的宝贵才能沦入"不遇"之境。

心灵絮语

金子的价值产生于高温高压下,虽深埋地下几千年依然会有重见天日、担当重责的一天。只要你经历苦难、穿越风雨,学有所成在这个尊重知识、尊重人才的能成就一切人、一切梦想的好时代下,何患怀才不遇?今天也许诸多不顺,也许荆棘密布,但是不要让今天的沮丧影响到明天前进的脚步。

第二章

请抓住你手里机遇的鸟

不要埋怨命运的不公平。不管你选择了哪一条人生之路,沿途都会有很多值得珍惜把握的机遇。机遇就像握在手中的鸟,你不抓住它就会飞走。

不一样的成功启示录

01 珍惜把握每一次机遇，因为擦肩而过的可能是最后的机遇

人生启示：

只知道等待机遇就等于放弃机遇。

有这样一个故事，某地发生一次空前水灾，整个村庄都难逃厄运。在所有村民纷纷逃生之际，一位上帝的虔诚信徒爬到屋顶上，他在等待上帝的拯救。

不久，大水淹没了村庄，浸过了屋顶，这时恰好有一只木舟经过。船上的人要他一起逃生。这位信徒却胸有成竹地说："不用了，上帝会来救我的！"木舟上的人说不动他，就离开了。

片刻之后，洪水已没过了他的膝盖。刚巧，有一艘搭救遇险者的

汽艇经过,人们让他乘汽艇一起离开,这位信徒说:"不必了,上帝会来救我的。"汽艇只好到别处进行拯救工作。

洪水依旧猛涨,半刻钟之后,已涨到信徒的胸部。此时,有一架救援的直升机放下软梯来拯救他。他仍然不肯上飞机,说:"别为我担心,上帝会来救我的!"直升机也只好离开。

最后,水继续高涨,可想而知,这位信徒最后被淹死了。

死后,他来到天堂,遇见了上帝,他质问上帝:"平日我诚心膜拜您,向您祈祷,您却见死不救,您算什么上帝?算我瞎了眼啦。"

上帝生气的回答道:"你还要我怎么样?我已经给你派去了两条船和一架飞机!"

心灵絮语

若把希望寄托在以后,就会失去眼前的机遇。俗话说:"天上掉馅饼你也得张张嘴巴。"很多时候成功和失败就在一念间,当机会从你身边走过时你没有抓住它,那你就永远失去了它。成功的唯一捷径就是抓住机遇。与其对未来抱有幻想,不如把握住现有的机遇。

02 机遇就在身边,只看你的把握

人生启示:

机遇像幽灵一样游走于身边,只有主动的人才能发现它。

你见过打碎的东西吗?或许所有人都会说不但见过,自己还打碎

不一样的成功启示录

过。然而你可曾听说过"碎花瓶理论"？你又知道这一理论是如何发现的吗？

这一理论是丹麦物理学家雅各布·博尔发现的。然而这个伟大理论并不是靠什么上天赐予的特殊机遇发现的，也不是通过在实验室里做什么特殊的实验研究发现的。

一天中午，正在书房找书的雅各布·博尔不小心打碎了书架上的一个花瓶，就在雅各布·博尔回头凝视地下的碎片时，他突然想到：这些碎片之间会不会有什么规律？于是他便小心翼翼地拣起满地的碎片，然后把它们放在桌子上，再按大小分成三类，并分别称出重量。雅各布·博尔发现：这些碎片中以 0.1 – 1 克和 0.1 克以下的最多，1 – 10 克的其次，10 – 100 克的最少；尤其让雅各布·博尔激动的是：这些碎片的重量之间表现为统一的倍数关系。即：较大块的重量是次大块重量的 16 倍，小块的重量是小碎片重量的 16 倍……于是雅各布·博尔将这个发现进行了理论研究，命名为"碎花瓶理论"。

后来他将他的这个理论应用于实践，取得了神奇的效果。"碎花瓶理论"能够用来恢复文物、陨石等不知其原貌的物体，为考古学和天体研究带来了极大的方便。

心灵絮语

每个人都渴望成功，每个人也都在等待机遇的降临，然而机遇是个神奇的东西，在我们抱怨没有机遇的时候，机遇很有可能就在身边。机遇就是主动者成功的火种，而被动者或许就只能望着错过的机遇叹息。

03 机遇不仅需要把握，还需要创造

人生启示：

碰不到机遇，就自己来创造机遇。

有"诗魔"之称的唐代大诗人白居易，在还没有被人知道他的才华之前，就已经才高八斗，满腹经纶，他决定到长安求发展。

初涉长安，白居易由于没有名气，所以他想给自己创造一个机会。经过深思之后，便毛遂自荐到顾况之处。顾况乃当时的社会名流，听说这个自荐的人叫白居易时，随口开了个玩笑道："长安米贵，要想白

不一样的成功启示录

白的居住可不容易!"

但当他读白居易的诗作时,对白居易的评价就大不一样了,尤其那首《赋得古原草送别》,一见开头两句:"离离原上草,一岁一枯荣。"就觉得很有味道,读到"野火烧不尽,春风吹又生"时,不禁拍案叫绝,赞道:"有如此才华,白居亦易!"

于是,立即决定见白居易。见面之后,更加感到其才华横溢,于是大力地推举了他。白居易因此很快便在京城长安名声大振,站稳了脚跟。

许多人终其一生都在等待一个完美的机会自动送上门来,但好多机会不是等来的,而是自己创造的。人生好多时候都是如此,我们再看一个故事:

说起姜太公,应该是老少皆知。他在没有得到文王重用的时候,隐居在陕西渭水边上的一个地方,那里是周文王的统治领地。他想要建立功业,为了能引起周文王对自己的注意,就常在溪旁垂钓。

一般人钓鱼用弯钩和有香味的鱼饵。但姜太公用的是直钩,而且上面不挂鱼饵,并且离水面1米高。他一边高高举着钓竿,一边自言自语:"鱼儿呀,你们愿意的话,就自己上钩吧!"

有人走过溪边,见姜太公钓鱼的错误方法,便对他说:"老先生,像你这样钓鱼,是永远钓不到鱼的!"

太公笑答:"我不是为了钓水中之鱼,而是为了钓我想要的'鱼'!"

好奇之心,人皆有之。姜太公奇特的钓鱼方法自然传得很快。周文王听说这事后,派一名士兵叫姜太公来见他。姜太公只顾自己钓鱼,并自言自语道:"钓啊,钓啊,鱼儿不上钩,虾儿来胡闹!"

士兵回去禀报后,周文王又派一名官员去请。结果姜太公依然不理睬,并且边钓边说:"钓啊,钓啊,大鱼不上钩,小鱼瞎胡闹!"

周文王意识到,这个钓者必是位贤才。于是他斋戒三天,熏香沐浴,换了衣服,亲自去请姜太公。姜太公见周文王诚心诚意来请自己,便答应辅佐文王兴邦立国。

后来,姜太公又辅佐文王的儿子武王灭掉了商朝,因此被武王封于齐地,终于实现了自己建功立业的愿望。

心灵絮语

偶然的机会毕竟有限,很多时候,机会是不会自己送上门来的,而是要我们用心去创造的。不能只把希望寄托在那些偶然事件上,"有机会要上,没有机会创造机会也要上。"每一个机会都属于那些主动找寻机会的人!

04 习惯成自然,惯性思维会让你错过机遇

人生启示:

人生的最大悲哀之一就是机会在习惯中失去了才被发现。

有个年轻人,对于金钱的痴迷几乎到了发疯的地步。每每听到哪里有发财的路子,他便不辞辛劳地去寻找。

有一天,他听别人说附近有一座山,这山的深处有位须发皆白的

不一样的成功启示录

老人,如果有缘与他见面,你有什么要求他都有求必应,绝不会让你空手而归。

那年轻人听完之后便迅速做好准备,立即出发到山中去寻找那老人。

他跋山涉水到了那儿,又苦苦等待了九天,终于见到了传说中的老人。他请求老人赐给他大笔的财富与珠宝。

老人告诉他说:"你居住的村外有一片海滩,那里有一颗'心愿石',它在每天早晨太阳还未东升的时候出现半个时辰。'心愿石'有一个与众不同的特点,其他石头握在手里是冰冷的,而它握在手里会让你感觉到很温暖,而且你握住它时,它就会发光。如果你寻到了那颗'心愿石',你向它祈祷,所有的愿望都可以实现。"

年轻人感激地拜谢过老人后便以最快的速度赶回村去。

从那以后,那年轻人每天清晨都到海滩上捡石头。只要是入手冰冷而且也不发光的,他便将它丢下海去,以避免再次重复捡到。岁月如流水般匆匆而过,转眼间,那年轻人已在沙滩上寻找了大半年,始终也没找到那颗"心愿石",但他依然执著。

有一天,他像平常一样,又到海滩上检视石头。一颗、二颗、三颗……石头被接连不断地丢到海里。突然,"哇……"年轻人悲伤的痛哭起来,因为他刚才习惯地将一颗石子丢下海去后,才发觉它是"温暖"而且会发光的!

心灵絮语

想了好久的点子或事情,明明知道一定会有机会实现,但机会一直没有来临,于是时间就在等待中过去,于是也就习惯了平淡的等待,于是机会也就在你习惯的等待中错过了。时时提醒自己,不要沉溺于习惯的等待。一旦错过机会,以前的先知与以后的悔恨和悲伤都不再有任何意义。

05 为了一线机遇,时刻准备着

人生启示:

机遇只垂青做好准备的人。

一家公司马上要和一家跨国公司进行市场合作的谈判,不幸的是一场意外的车祸让公司负责这一项目的销售部经理住进了医院。各种材料都已准备就绪,日期也早已与对方定好了,一切都无法改变了。由于公司其他人对这次合作谈判不了解,临时准备又来不及。关键时刻,公司想到了这个经理的助手,他是最了解这个项目的人,于是,公司决定让他接手这次谈判任务。

从天而降的机会让这个助手兴奋极了。这次谈判的前期工作都已经做完了,合作方式和公司的底线都已经确定了,这是一个绝佳的机会,尤其是董事长还对这个助手做了暗示:由于销售经理受伤过于严重,伤愈出院后也不能再做销售经理,如果他能出色地完成这次任务,销售部经理的职位就是他的了。这个助理得意地想:销售部经理的那张舒适的椅子终于轮到我坐了。

但是,这个助理想错了,谈判进行到第二天,也就是说刚刚开始,

不一样的成功启示录

对方公司就中止了这一合作意向。

原来,这个助手虽然参与了这次谈判的前期工作,但他并没有从作为一个谈判代表的角色上去进行必要的准备,接受任务后又只是盲目乐观于机遇的来临,也没有再做更多的准备。诸如最基本的了解,如:对方参加谈判的主要人物都有哪几位?他们都具有怎样的性格特点?他们有哪些特殊的要求?这些信息都存在销售经理办公用的电脑里,被兴奋冲昏了头脑的他根本就没有去想这些,连看都没看一下。结果,谈判一开始就处处被动。有一些事项双方早已沟通过了,可这位助手却一概不知;对方有喝下午茶的习惯,而这位助手却没有准备……

这位助手的美梦刚刚开始就破灭了,不但未做成经理,连原有的职位也丢掉了。不是他没有机会,只是他没有做好把握机会的准备。

曾经让太多影迷倾倒,让太多影迷疯狂的周星驰,他一开始是做龙套演员的,常常刚一出场就被打"死"。他非常渴望演一个能有台词的角色,哪怕只有一句。有一次,导演给了他一个有一大堆台词的角色,结果他却紧张得一句也说不出来。这次经历让周星驰明白了:机会固然重要,但更重要的是要有把握机会的能力。

心灵絮语

每个人都盼望着机遇的降临,然而机遇来了你是否有能力把握得住?能力并不是天生的,而是埋藏在机遇背后的、不为人知的辛苦和努力!只有不断的努力学习,做好一切必需的准备,才能够把握住机会,从而成就自己。

06　时刻保持警醒,别让机遇擦肩而过

人生启示:

当你睡得太沉时,你会听不到机遇走过的脚步声。

有一个穷小子一上午都在找工作,哪怕端盘子洗碗也好,可是直至中午还一无所获。于是,他走到了路旁的一片树荫下,也许是太疲惫的缘故吧,不一会儿,他便靠着树桩沉沉地睡着了。

他刚睡下,大道上就来了一辆华丽的马车。或许是马腿上出了点儿毛病,车停了,一位绅士扶着妻子走下车,他们一眼就看见了熟睡的穷小子。

"睡得多甜啊,呼吸得那么有节奏,要是我们也能那样睡一会儿,那该有多么幸福啊。"绅士羡慕地说。

他的妻子也深以为然,"像咱们这年龄,恐怕再也睡不了那么好的觉了!这个可爱的小伙子多像咱们的儿子,叫醒他好吗?"

"可是我们还不知道他的品行。"绅士反驳到。

"看那面孔,多天真无邪。"妻子坚持着,可最终两个人还是恋恋不

不一样的成功启示录

舍地走上马车离开了。

　　穷小子当然不会知道,幸运刚刚走近他又远去了。这位绅士很富有,而他唯一的孩子最近又死了,夫妻俩很想认个可爱的小伙子做儿子,并继承他们雄厚的家产,他们甚至在那一刻看中了这个穷小子,可他睡得很香。

　　没过10分钟,一个美丽的女孩儿迈着轻盈的步子,追着一只蝴蝶,来到了树下。她看见一只马蜂正落在穷小子的头顶,不由得拿出手绢替他驱赶着,这时她仔细地看了一眼穷小子。

　　"多英俊的小伙子啊!他醒来时会是什么样子呢?"她在旁边坐了十多分钟,可穷小子还没有醒来,女孩儿悻悻地走了,回家晚了父亲会不高兴的,她的父亲是个大珠宝商,最近正在给女儿物色一个正直的小伙子,贫穷点儿不要紧,勤劳正直就好。也许他们会相识继而结合的,可穷小子依然睡着,女孩儿无声无息地走了。

　　下午,太阳那股热乎劲儿下去时,穷小子醒了,拍了拍屁股,沿着大道向前走去,工作还没什么着落,对于他来说,刚才的一切至多也就是个梦,不过是在饥饿中睡了一个午觉而已。

心灵絮语

　　有些人总在抱怨命运的不公平,在他们的眼中,上天总是垂青成功者,而对自己是那么的吝啬。反正也是这样子,失望之余停下来休息一下。然而机遇之神一直由远而近在向他走来,就在走过他身边时,他却睡着了,于是幸运就这样从身边溜走了。

07　一念之间，进退两重天

人生启示：

生活不过一碗饭，决定不过一念间。

两个不如意的年轻人一起去拜望师父："师父，我们在办公室被欺负，太痛苦了，求您开示，我们是不是该辞掉工作？"两个人一起问。

师父闭着眼睛，隔半天，吐出五个字："不过一碗饭。"就挥挥手，示意年轻人退下了。

回到公司后，一个人就立即递上辞呈，回家种田，另一个什么也没动。

日子真快，转眼十年过去了。回家种田的以现代方式经营，加上品种改良，居然成了农业专家。

另一个留在公司的，也不差。他忍着气，努力学，渐渐受到器重，成了经理。

有一天两个人相遇了。

"奇怪，师父给我们同样'不过一碗饭'这五个字，我一听就懂了。不过一碗饭嘛，日子有什么难过？何必硬靠在公司？所以辞职。"农业专家问另一个人："你当时为何没听师父的话呢？"

"我听了啊，"那经理笑道："师父说'不过一碗饭'，多受气，多受累，我只要想不过为了混碗饭吃，老板说什么是什么，少赌气，少计较，就成了，师父不是这个意思吗？"

不一样的成功启示录

两个人又去拜望师父,师父已经很老了,仍然闭着眼睛,隔半天,答了五个字:"不过一念间。"然后挥挥手……

心灵絮语

其实好多的事情就决定于自己的一念之间,不论你做出什么样的决定,都会有不同的机会等着你。生活的道理其实很简单,简单中孕育着辉煌,平凡中诞生着伟大。只要你保持一颗平常心,并不断努力去做,就一定会拥有一片自己的天空。

第三章
想要成功首先要敢于成功

想别人所不能想,做别人所不能做。想别人所不能想的、做所人所不能做的就需要有创新精神。创新就需要勇气。

不一样的成功启示录

01 敢于抓住机遇，成功近在咫尺

人生启示：

机遇往往一闪即逝，一定要有勇气抓住它。

有这样一则故事：

一天，一个年轻人救了一个人，被一个神仙看到了，神仙对他说："因为你救人一命，将来会有三件大事要在你身上发生：一、你有机会得到很大的一笔财富；二、你有机会能在社会上获得崇高的地位；三、你有机会娶到一位漂亮而贤惠的妻子。"

这个人相信神仙的话绝对不会错的，于是他就用一生去等待这三件事情的发生。结果这个人穷困潦倒地度过了他的后半生，直到最后孤独地老死，依旧什么事也没有发生。他升天之后，在天堂上又遇到

了那位神仙,于是就问那神仙说:"神仙啊,你怎么说话也可以不算数呢?你曾说过要给我很多的财富,结果我贫困一生;你说让我有很高的社会地位,结果我潦倒一世;你还说我会娶个漂亮贤惠的妻子,结果我一辈子单身。你害我等了一辈子,却一件事也没有在我身上发生,这是为什么?"

神仙回答道:"我只承诺过要给你三个机会。一个得到很大一笔财富的机会,一个获得人们尊敬的社会地位的机会,以及一个娶漂亮贤惠的妻子的机会。机会我给了你,可是你自己让这些机会从你身边溜走了。"

这个人迷惑不解的说:"我不明白你的意思。"

神仙取出一面镜子让他看镜中浮现的画面:

第一幅画面:他坐在那冥思苦想,然后站起来来回走动,显得犹豫不决,最后他叹了口气说:"算了吧!"又坐了下去。神仙说:"你当时想到了一个好点子,可是你怕失败而没有去尝试,你因此失去了得到财富的机会!"

神仙接着说道:"因为你没有去行动,几年后,这个点子被另一个人想到了,那个人经过思考后,毫不犹豫地去做了,他后来成为全国最富有的人。你还羡慕过他,其实那所有财富本该是属于你的呀!"这个人后悔地点了点头。

第二幅画面:他一个人待在自己的家里,另一边是倒塌的房屋,有近万人被困在倒塌的房子里。

神仙说:"这是发生了大地震之后,你本来有机会去救助那些幸存的人,而那个机会可以使你在城里得到极大的尊贵和荣耀啊!可是你

35

不一样的成功启示录

忽视了那些需要你帮助的人,因为你怕有人乘机到你家里打劫偷东西。人命没有你那点儿财产重要,你失去了获得崇高地位的机会。"这个人不好意思地点了点头。

第三幅画面:一个头发乌黑的漂亮女子走过,他呆呆地望着那女子的背影,而后摇了摇头,叹了口气。

神仙又说:"你曾经被她深深吸引,感觉自己从来未曾这么喜欢过一个女子,以后也不可能再遇到像她这么好的女人了。就是她!她本来该是你的妻子,你们也该有许许多多的快乐,还会有两个可爱的小孩,可是你总认为她不可能喜欢你,更不会答应跟你结婚,你因为害怕被拒绝,所以让她从你身边走过,最后成了别人的妻子!"这个人遗憾的点了点头。

心灵絮语

人的一生中总会遇到这样或那样的机遇,但好多人由于对自己没信心,总认为自己办不到,认为自己没希望,加之胆小、虚伪、好面子等原因,轻易地就放手了,然而这一放弃常常就错过了机会,只能留下遗憾。其实好多时候只需要一点儿勇气去尝试,你就会取得成绩!

02　学会说"不",是肯定自己的第一步

人生启示:

敢拒绝会让你轻松,敢否定会让你成功。

故事一:

星宇在一个小城找了份工作。

刚刚参加工作不久,舅舅来到这个城市看他。星宇陪着舅舅把这个小城转了转,就到了吃饭的时间。

星宇很想好好招待舅舅,因为舅舅一直对星宇很好。然而星宇的身上仅剩 20 元钱,这已是他所能拿出来招待舅舅的全部资金。他很想找个面馆随便吃一点,可舅舅却偏偏相中了一家体面的餐厅。星宇没办法,只得随他走了进去。

俩人坐下来后,舅舅开始点菜,当他征询星宇意见时,星宇只是含混地说:"随便,随便。"此时,他的心中七上八下,放在衣袋中的手里紧紧抓着那仅有的 20 元钱。这钱显然是不够的,怎么办?可是舅舅似乎一点儿也没注意到星宇的不安。饭菜上来了,舅舅不住口地称赞着这儿可口的饭菜,星宇却什么味道都没吃出来。

最后的时刻终于来了,彬彬有礼的服务生拿来了账单,径直向星宇走来,星宇张开嘴,却什么也没说出来。

舅舅温和地笑了,拿过账单,把钱给了服务生,然后盯着星宇说:"孩子,我知道你的感觉,我一直在等你说'不',可你为什么不说呢?

不一样的成功启示录

要知道,有些时候一定要勇敢坚决地把这个字说出来,这是最好的选择。我这次来,就是想让你知道这个道理。"

说"不"的时候不仅意味着拒绝,有时候也是对自己的肯定。

故事二:

在一次世界优秀指挥家大赛的决赛中,世界著名的交响乐指挥家小泽征尔也是参赛者。当他按照评委会给的乐谱指挥演奏时,发现了不和谐的音符。开始他以为是乐队演奏出了错误,就停下来重新指挥,但一到这里还是不对。他觉得是乐谱有问题。这时,在场的成名作曲家和评委会的权威人士都坚决地说乐谱绝对没有问题,是他错了。

面对众多音乐大师和权威人士,小泽征尔斩钉截铁地大声说:"不!一定是乐谱错了!"话音刚落,音乐大师和评委席上的评委们都报以热烈的掌声,祝贺他大赛夺魁。

原来,这是评委们精心设计的"圈套",目的是以此来考验指挥家在遭到权威人士"否定"的情况下,能否坚持自己的正确主张。前面参加比赛的指挥家也发现了错误,但最终因随声附和权威们的意见而被淘汰。小泽征尔却因为勇敢的说出了"不"而摘取了世界指挥家大赛的桂冠。

心灵絮语

太多的面子,太多的不好意思,让你将陷入尴尬的境地,勇敢的说"不"会让你感到轻松。太过于迷信权威,太过于顾及权威的想法,你将失去自我,勇敢的说"不"会让你多了成功的可能。

03 死需要勇气,而生更需要勇气

人生启示:

你如果失去了勇气——你就会把一切都失掉!

曾经听说过这样一个故事:有两个人一起穿越茫茫的戈壁滩,他们带的食物和水都用完了,又饿又渴,其中一个还生病了,行动特别艰难。没有食物还能坚持几天,但如果再找不到水,他们就很难坚持走

不一样的成功启示录

出去了。

　　这时,其中健康的那个伙伴从口袋里掏出一把手枪和五发子弹给另一个人,并对他说:"我现在要去找水,有了水我们就好办了,要不然非死在这荒漠里。你在这里等着,千万不要离开,每间隔两个小时你就打一枪,枪声指引我,这样我就会找到正确的方向,然后与你会合,要不然我会找不到你。如果你打完所有子弹的两个小时以后,我依旧没有回来的话,那就不要再等我,你一个人看是否有别的办法坚持走出去。"另一个人点了点头。

　　找水的人离去了,留下的那个人就满腹疑虑地躺在沙漠里等待。他按照伙伴说的话去做了,每隔两小时他就打一次枪。时间在焦急的等待中过去,已经打过四次枪了,每打一次他的忧虑就加深一重。只剩下最后一发子弹了,找食物的人却依然没有回来。他开始担心,一会担心那同伴可能找水失败、中途渴死了。一会儿他又担心同伴找到水,弃他而去,不再回来。

他越想就越害怕,越怕就越胡思乱想,就在紧张的等待中又过了两个小时,留下的这个人彻底绝望了。伙伴肯定早已听不见我的枪声,等到这颗子弹用过之后,我一个病人还有什么好办法呢?我只有等死而已!而且,在一息尚存之际,兀鹰会啄瞎我的眼睛,那是多么痛苦的事啊!还不如……"又过了一刻钟,依旧不见找水的伙伴回来,孤独与死亡的恐惧占领了他的内心,他终于忍不住了,他举起了枪,枪声响了,枪口对的是自己的头颅!他用第五颗子弹打死了自己。

枪声响过后不久,那位找水的人,那位同伴——提着满壶清水领着一队骆驼商旅循声而至,他们所看到的只是一具尸体。其实这个人只要在再坚持一会儿就可以活下来,可他怕朋友不能再回来,他没有勇气独自去面对,因此他放弃了活着走出戈壁的机会。

心灵絮语

歌德说过:你如果失去了财产——你只失去了一点;你如果失去了荣誉——你将失去了许多;你如果失去了勇气——你就把一切都失掉了!人生的道路没有一帆风顺的,在面对曲折与坎坷的时候,你也许会失去活下去的勇气。然而,"千古艰难唯一死。"连死的勇气都有,还在意怎么去死吗?活着就有希望,希望会给你勇气,勇敢地面对生活吧!

不一样的成功启示录

04　匹夫之勇不是勇

人生启示：

勇气不是平日的勇敢，而是关键时刻无畏的表现。

故事一：

加州一所学校的六年级班上新转来了一个男孩。这个男孩来自阿肯萨斯，他信仰《新约圣经》。《新约圣经》在加州这地方是不受欢迎的，但男孩还是把它放在衣服的口袋里带到学校。

这事还是被别人知道了。没有孩子愿意理他，而且还看不起他、嘲笑他、欺负他。一次，有几个男孩堵住了他，翻出他的《新约圣经》说："以后别再把《圣经》带到学校来！宗教和祈祷都是为胆小鬼设的，你就是一个胆小鬼。"这个男孩虔诚地把《圣经》递给那几个男孩中最大的一个，并且对他说："看你有没有胆量，把它带到学校，绕着校园走一圈！"那些孩子沉默了，他们无话可说。而这个小男孩因为敢于把《圣经》带到学校，敢于面对那些男孩无所畏惧，最终赢得了他们的友谊。

故事二：

有一个很胆小的人，他从小就什么事也不敢做，因此同学们都嘲笑他。父母也为他的胆小发愁，为了使他得到锻炼鼓起勇气，就让他参军了，在部队里他依旧胆小，还常常被战友嘲笑。后来他考了军校，可是在军校里他还是一样胆小，同学们不仅嘲笑他，还经常出他的洋

相，甚至连教官也看不起他。

一次学校组织他们进行扔手雷实弹训练，一个同学为了要让他出丑，拿了一个仿真的手雷，并偷偷的告诉了大家。开始训练了，那个同学"不小心"将仿真的手雷扔到了同学中间，并装作紧张地大叫"小心"，其他同学知道真相，也就跟着一起演戏，做出惊慌的样子。那位胆小的同学也很惊慌，他并不知道大家都想看他出丑，但让人没想到是他扑向了手雷，将它压在了身下。同学们震惊了，都呆立在那里，不是为那假手雷，而是为了他的举动。

过了一会儿，当他意识到是同学们的恶作剧时，他满脸通红地爬了起来，不好意思地看大家。这时，所有的同学和教官都为他热烈地鼓起掌来。他的一生因此而改变了。

心灵絮语

人们对于勇气的理解一直存在误区，其实人们平日说的胆大、敢

不一样的成功启示录

作敢为等好多的行为并不是真的勇气，那往往只不过是匹夫之勇。真的勇气是在关键时候表现出来的冷静、智慧和大无畏的挑战精神、牺牲精神！

05　面对奇迹，选择谨慎而勇敢地相信

人生启示：

幸运总是偏爱有勇气尝试的人。

一位在法国留学的中国留学生，由于家里的生活突然遭遇不测，而失去经济支持，只好从独居公寓里搬到七八个人合租的宿舍，并决定像他的室友们一样，走上打工挣钱维持学业的道路。为了找工作，这位留学生翻开了以前从来不曾看过的报纸广告页。

突然，一则登在不起眼的角落里的广告吸引住了他：

"麦华别墅，只售1法郎。"

室友们听他念出这则广告后，都嗤之以鼻，甚至觉得有些可笑，有的说："今天不是愚人节吧？"有的说："哪有天上掉馅饼的好事。"还有人半带嘲弄地问他："你该不是想去试一试吧？"还有好心人提醒道："可千万别上当，骗子的条件总是给你极大地诱惑，我看这是个陷阱，一定有不可告人的图谋！"

留学生虽然是半信半疑，但他还是按照报纸上提供的联系方式，找到了那个登广告的人。登广告的是一个衣着华贵的中年妇人。问清楚留学生的来意后，她指着她正站着的屋子的地板说："喏，就是

这里。"

留学生不禁大吃一惊:这里是巴黎近郊最著名的别墅区,富人云集,地价之昂贵可谓寸土寸金;再看身处的这幢房屋,设计高贵精妙,装潢富丽豪华,如果要出售,价格应该是天文数字,他可是无论如何也不可能出那样一大笔钱的。

"太太,我能看看房子的有关手续吗?您知道……"留学生不知道说什么好,他搜肠刮肚想为自己找个理由去相信,但还是不由自主地问出了一句。

贵妇人微微一怔,拨了一个电话,仿佛是叫什么人来,然后自己转身上楼,一会儿回来,交给留学生一个文件袋。留学生瞪大了眼睛,辨别着房契的真伪,研读着文书中那些拗口的条文句子。正在这时,一位戴着眼镜、夹着公文包的男士走了进来,他跟妇人嘟囔了两句后,走到留学生面前:

"先生,您好。我是律师,如果您没有什么异议,我可以为您办理买卖房屋的手续了吗?"

"你是说1法郎……这幢房子……"留学生不敢相信这一切是真的,甚至有些语无伦次了。

"是的,先生,如果可能的话,请您交现款。"律师一本正经地回答。

三天之后,留学生带着他向法院求证后确认无疑的文件,到豪华别墅去办理移交。当他接过沉甸甸的钥匙的时候,仍难以相信他已是这所房子的主人。他叫住正要离去的房主:

"太太,您能告诉我这是为什么吗?"妇人叹了一口气:"唉,实话跟你说吧,这是我丈夫留下的遗产。他把除这别墅外所有的遗产都留

45

不一样的成功启示录

给了我,但只有这幢别墅,他在遗嘱里说卖了以后把所有的款项交给一个我从来没有听说过的女人。于是我就做了些调查,结果前两天我知道了结果,我丈夫竟然瞒着我和那女人偷偷幽会了12年……所以我才做出这个决定——我遵守我丈夫的遗嘱,但我也不会让她轻易得到,我要把这1法郎按照遗嘱所写的交给她。"

心灵絮语

世界之大,无奇不有。有时候就是会发生一些让我们觉得不可思议的、令人难以置信的事。这时候就需要我们打破常规思维的束缚,不要害怕上当受骗,有勇气去尝试一下(当然不要盲目地去试),也许百年难遇的幸运就会降临在你的头上,不要为生命留下遗憾。

06　所谓幸福，在于你的取舍

人生启示：

放弃比任何时候都更需要勇气。

这只是一个美丽的神话，却告诉我们一个深刻的哲理。

有个年轻美丽的女孩，多才多艺，又出身豪门，家产丰厚，日子过得很好。但媒婆都快把她家的门槛给踩烂了，她却一直不想结婚，因为她觉得还没见到她真正想要嫁的那个男人。直到有一天，她去一个庙会散心，在万千拥挤的人群中，看见了一个年轻的男子，不用多说什么，反正女孩觉得那个男子就是她苦苦等待的白马王子。可惜，庙会太挤了，她无法走到那个男子的身边，只能眼睁睁地看着他消失在人群中。

后来的两年里，女孩四处去寻找那个男子，但这人就像蒸发了一样，无影无踪。女孩每天都向佛祖祈祷，希望能再见到那个男子。她的诚心打动了佛祖，佛祖显灵了。

佛祖说："你想再看到那个男人吗？"

女孩说："是的！我只想再看他一眼！"

佛祖说："要你放弃你现在的一切，包括爱你的家人和幸福的生活，你会吗？"

女孩说："我能放弃！"

佛祖说："你还必须修炼五年道行，才能见他一面。你不后悔？"

不一样的成功启示录

女孩说:"我不后悔!"

佛祖将女孩变成了一块大石头,躺在荒郊野外。经历了四年多的风吹日晒,苦不堪言,但女孩都没觉得难受,让她难受的是这四年都看不到一个人,看不见一点点希望,这简直让她快崩溃了。

最后一年,一个采石队来了,看中了她的巨大,把她凿成一块巨大的条石,运进了城里,他们正在建一座石桥,于是,女孩变成了这座石桥的护栏。就在石桥建成的第一天,女孩就看见了那个她等了五年的男人!他行色匆匆,像有什么急事,很快地从石桥的正中走过。

当然,他不会发觉有一块石头正目不转睛地望着他。男子又一次消失了。佛祖再次出现在她的面前,问她道:

"你满意了吗?"

"不!"女孩说,"为什么?为什么我只是桥的护栏?如果我被铺在桥的正中,我就能碰到他了,我就能摸他一下!"

佛祖说:"你想摸他一下?那你还得修炼五年!"

女孩说:"我愿意!"

佛祖说:"你放弃了那么多,又吃了这么多苦,不后悔?"

女孩说:"不后悔!"

佛祖将女孩变成了一棵大树,长在一条人来人往的官道上,这里每天都有很多人经过,女孩每天都在路旁观望。然而这更难受,因为无数次满怀希望的看见一个人走来,又无数次希望破灭。如果不是有前五年的修炼,相信女孩早就崩溃了!日子一天天地过去,女孩的心逐渐平静了,她知道,不到最后一天,他是不会出现的。又是一个五年啊!最后一天,女孩知道他会来了,但她的心中竟然不再有激动。来了！他来了！他还是穿着她最喜欢的白色长衫,脸还是那么俊美,女孩痴痴地望着他。

这次,他没有急匆匆地走过,因为,天太热了。他注意到路边有一棵大树,那浓密的树荫很诱人,休息一下吧,他这样想。他走到大树脚下,靠着树根,微微地闭上了双眼,他睡着了。女孩摸到他了！他就靠在她的身边！但是,她却无法告诉他,这多年的相思。她只有尽力把树荫聚集起来,为他挡住毒辣的阳光。多年的柔情啊！男人只是小睡了一刻,因为他还有事要办,他站起身来,拍拍长衫上的灰尘,在动身的前一刻,他回头看了看这棵大树,又微微地抚摸了一下树干,大概是为了感谢大树为他带来清凉吧。然后,他头也不回地走了！就在他消失在她视线里的那一刻,佛祖又出现了。佛祖再次问:

"你放弃了那么多,又吃了这么多苦,不后悔?

女孩说:"不后悔！"

佛祖:"哦?"

女孩说:"他现在的妻子也像我这样受过苦吗?"

佛祖微微点了点头说:"是的,而且比你受的苦还要多得多！你是不是还想做他的妻子? 那你还得修炼,直到……"

女孩平静地打断了佛祖的话:"我是很想,但是不必了。"

然后女孩微微一笑,接着道:"我也能做到的,但是真的不必了。他既已是别人的丈夫,原本不该属于我。这样已经很好了,爱他,并不一定要做他的妻子。"就在这一刻,女孩发现佛祖微微地叹了一口气,或者是说,佛祖轻轻地松了一口气。

女孩有几分诧异:"佛祖也有心事?"

不一样的成功启示录

佛祖的脸上绽开了一个笑容:"难得你有这份勇气放弃!这样很好,有个男孩可以少等十年了,他为了能够看你一眼,已经修炼了二十年。"

爱情的快乐就在于爱。其实,爱的过程比结果更让人激动和幸福。爱一个人,不一定就要拥有他,太多的原因不能够在一起时,就要学会放弃,这对双方都是有益的。

这只是个故事,但生活中类似的事情太多,太多……比如另一个小故事:

一次春游时,一位老者一不小心将刚买的新鞋掉到山崖下一只,周围的人倍感惋惜。不料那老者立即把第二只鞋也扔了下去。这一举动令大家很吃惊。老者解释道:"这一只鞋无论多么昂贵,对我而言都没用了,如能有谁捡到一双鞋子,说不定他还能穿呢!"

心灵絮语

执著固然让人钦佩,然而放弃则更需要勇气。当努力的结果与付出失去了平衡时,当所有的执著不再有意义时,一定要有勇气放弃,那将会绽放出另一种美丽的花朵。

07 学会变通,墨守成规只能落后于人

人生启示:
不同的思想决定不同的行动,不同的行动决定不同的结果。

第三章 想要成功首先要敢于成功

从前有两个年轻人,一个叫小山,一个叫小水,他们住在同一个村庄,是最要好的朋友。由于居住在偏远的乡村谋生不易,他们就相约到外地去做生意,于是同时把田产变卖,带着所有的财产和驴子到远地去了。

他们首先抵达一个盛产麻布的地方,小水对小山说:"在我们的故乡,麻布是很值钱的东西,我们把所有的钱换取麻布,带回故乡一定会有利润的。"小山同意了,两人买了麻布,细心地捆绑在驴子背上。

接着,他们到了一个盛产毛皮的地方,那里也正好缺少麻布,小水就对小山说:"毛皮在我们故乡是更值钱的东西,我们把麻布卖了,换成毛皮,这样不但我们的本钱收回了,返乡后还有很高的利润!"

小山说:"不了,我的麻布已经很安稳地捆在驴背上,要搬上搬下多么麻烦呀!"

小水把麻布全换成毛皮,还多了一笔钱。小山依然有一驴背的麻布。

他们继续前进到一个生产药材的地方,那里天气苦寒,缺少毛皮和麻布,小水就对小山说:"药材在我们故乡是更值钱的东西,你把麻布卖了,我把毛皮卖了,换成药材带回故乡一定能赚大钱的。"

小山拍拍驴背上的麻布说:"不行,我的麻布已经很安稳的在驴背上,何况已经走了那么长的路,装上卸下的太麻烦了!"小水把毛皮都换成药材,又赚了一笔钱。小山依然有一驴背的麻布。

后来,他们来到一个盛产黄金的小镇,那是个不毛之地,非常欠缺药材,当然也缺少麻布。小水对小山说:"在这里药材和麻布的价钱很高,黄金很便宜,我们故乡的黄金却十分昂贵,我们把药材和麻布换成

51

不一样的成功启示录

黄金,这一辈子就不愁吃穿了。"

小山再次拒绝了:"不!不!我的麻布在驴背上很稳,我不想变来变去呀。"小水卖了药材,换成黄金,小山依然守着一驴背的麻布。

最后,他们回到了故乡,小山卖了麻布,虽然也获得了一定的利润,但和他辛苦的远行不成比例。而小水不但带回一大笔财富,把黄金卖后,成为当地最大的富翁。

心灵絮语

执著的精神固然可贵,但过于执著就是迂腐守旧,因为任何事物都不是一成不变的,如果在前进的路途上有变化时,我们应该学会多角度地考虑问题,适当地加以变通,唯有这样才能获取最大的成功。

08 困难面前,不要失掉一往无前的勇气

人生启示:

不要因为怕失去现在的所有而畏首畏尾。

有一条小河流从遥远的高山上流下来,经过了很多个村庄与森林,最后它来到了一个沙漠。

它想,我已经越过了重重障碍,这次应该也可以越过这个沙漠吧!当它决定越过这个沙漠的时候,它发现河水渐渐消失在泥沙当中,它试了一次又一次,总是徒劳无功,于是它灰心了,"也许这样就是我的命运了,我永远也到不了传说中那个浩瀚的大海。"它颓丧地自言

自语。

这个时候,四周响起一阵低沉的声音:"如果微风可以跨越沙漠,那么河流也可以。"原来这是沙漠发出的声音。

小河流很不服气地回答说:"那是因为微风可以飞过沙漠,可是我却不行。"

"因为你坚持你原来的样子,所以你永远也无法跨越这个沙漠。你必须让微风带着你飞过这个沙漠,到你的目的地。只要你愿意改变你现在的样子,让自己蒸发到微风中。"沙漠用低沉的声音这么说。

小河流从来不知道有这样的事情,"放弃我现在的样子,那么不等于是自我毁灭了吗?我怎么知道这是真的?"小河流这么问。

"微风可以把水汽包含在它之中,然后飘过沙漠,到了适当的地点,它就把这些水汽释放出来,于是就变成了雨水。然后这些雨水又会形成河流,继续向前进。"沙漠很有耐心地回答。

"那我还是原来的河流吗?"小河流问。

"可以说是,也可以说不是。"沙漠回答,"不管你是一条河流或是看不见的水蒸气,你内在的本质从来没有改变。你会坚持你是一条河

不一样的成功启示录

流,是因为你从来不知道自己内在的本质。"

此时小河流的心中,隐隐约约地想起了似乎自己在变成河流之前,似乎也是由微风带着自己,飞到内陆某座高山的半山腰,然后变成雨水落下,才变成今日的河流。

于是,小河流终于鼓起勇气,投入微风张开的双臂,消失在微风中,让微风带着它,奔向它生命中的归宿。

心灵絮语

人们常常由于怕失去苦心经营的成果而踯躅不前,却忘记了自己生来本是一无所有的,因而影响了远大目标的实现。俗语说得好:"舍不得孩子套不着狼。"我们生命的历程也一样,要有改变自我的勇气才可能跨越生命中的障碍,取得新的突破。怕什么?大不了回到从前的一无所有。

第四章
相信自己是必不可少的

"世间找不到完全一样的两片树叶"。世间也没有完全一样的两个人,你就是独一无二的!"天生我才必有用",相信存在就有道理。自信不一定让你成功,但没有自信你永远不会成功!

不一样的成功启示录

01 正能量启示录：你也是"稀世珍宝"

人生启示：

不要自卑，相信"天生我才必有用！"

有一个被父母遗弃的孤儿，他被一位有道高僧领到寺院里抚养。这个男孩非常悲观，他常常问那位高僧一个问题：像我这样连父母都不愿意要的孩子，活着究竟有什么意义呢？我本来就是多余的，或许我本就不该活在这人世。那位高僧总是笑着告诉他，以后他会知道的。

有一天，那位高僧拿一块石头问男孩是什么，男孩说是一块石头，高僧又问有没有什么特别之处，那男孩看了又看也没发现什么不同。高僧说道："明天早上，你把这块石头拿到市场去卖，但不是要真的把他卖掉，记住，无论别人出多么高的价钱，你都绝对不能卖。"

第二天，男孩依照高僧的话来到市场，他就蹲在市场的一个小角落里，让他意外的是：居然有好多人向他买那块石头，而且价钱越出越高。

回到寺院里，男孩兴奋地告诉高僧在市场发生的一切，高僧微微一笑道："明天你把它拿到黄金市场去卖，但和今天一样，多高的价都不要卖。"出乎那男孩预料的是：在黄金市场上，竟然也有人要买那块石头，而且出高于昨天十倍的价钱。回到寺院里，男孩又告诉高僧在黄金市场发生的一切，高僧又是微微一笑道："明天你把它拿到珠宝市场去展示,不同的是一开始你就说不卖,仅仅展示而已。"结果,竟然有人愿出高于昨天十倍的价钱买这块石头,由于男孩说什么也不肯出售,这块石头竟被人们认为是稀世珍宝到处传扬。

男孩捧着石头兴冲冲地回到寺院,将这一切如实汇报给高僧,高僧微笑地望着男孩说:"生命就像这块石头一样,由于所处的环境不同,其价值也就不同。一块平常不过的石头,由于你的珍惜而提升了它的价值,被说成稀世珍宝,你不就像这块石头一样吗?

心灵絮语

任何人在世间都是独一无二的,不论你的出生是高贵还是卑微,只要相信自己,找好自己的位置,自己看重自己,自我珍惜,生命就会有意义,有价值。

02 太在意别人的眼光,只会让自己活得累

人生启示:

走自己的路,让别人去说吧!

在一个炎热的日子里,一位父亲带着儿子和一头驴走在墨西哥城肮脏的街道上。父亲骑在驴背上,孩子牵着驴。

"可怜的孩子,"一位过路人说,"瞧他的小短腿,怎能跟得上驴子的步伐呢?他父亲懒洋洋地骑在驴背上,让孩子吃力地走,怎么忍心啊!"

不一样的成功启示录

父亲听见了,赶快从驴背上跳下来,让儿子骑上去。可没走多远,又有一位过路人说:"多丢人啊!这小兔崽子骑在驴背上,神气活现的,可他可怜的老父亲却在艰难地步行。"

这话深深刺伤了孩子的心,于是他请父亲也爬上驴背,坐在他后面。

"你们见过这种事吗?"一个女人叫了起来,"多残忍啊!这可怜的驴,背都压弯了,可这老饭桶和他儿子却悠闲自得地骑在上面,就像坐在软椅上似的——这可怜的生灵啊!"

这父子俩成了人们攻击的靶子。于是,爷儿俩二话没说,赶紧跳下驴背。可没走几步,有个家伙就笑话起他们来了:"感谢真主,我没这么愚蠢。为什么你们放着这头不驮东西的驴不骑,却用脚走路,哪怕骑上一个人也好啊!"

父亲听后对儿子说:"不管我们怎样做人,都会有人反对。我想,我们应该自己考虑考虑,到底怎样做才对。"

心灵絮语

在社会这个统一体中,每个人都是独特的,你的个性会为世界增添一份美丽的色彩。不论你怎样去做,你都永远无法让所有的人对你满意。只要你确信自己是正确的,就不要为了别人的流言蜚语而改变自己,否则你就会失去自我,失去可贵的独特性,失去绝佳的机会。

03 与其执着拜倒,不如大胆超越

人生启示:

相信自己也可以成为你崇拜的人。

一位和尚跪在一尊高大的佛像前,正无精打采地默诵经文。长期的修炼并未使他立地成佛,他为此而苦闷、彷徨、渴望解脱。正好,一位云游四方的哲学家来到他身旁。

"尊敬的哲人,久仰,久仰!弟子今日有缘见到您,真是前世造化!"和尚来不及站起,激动得颤颤巍巍地说,"今有一事求教,请指迷津:伟人何以成其伟人?比如说,我们面前的这位佛祖……"

"伟人之伟大,是因为我们跪着……"哲学家从容地说。

"是因为……跪着?"和尚怯生生地瞥了一眼佛像,又欣喜地望着哲学家,"这么说,我该站起来?"

"是的!"哲学家打了一个起立的手势,"站起来吧,你也可以成为伟人!"

"什么,你说什么?我也可以成为伟人?你……你……你这是对

不一样的成功启示录

神灵、对伟人的贬损!"说着,和尚双手合十,连念了两遍"阿弥陀佛"。

"与其执著拜倒,弗如大胆超越!"哲学家说罢头也不回地走了。

"超越?呸!"和尚听了哲学家的话如惊雷轰顶,"这疯子简直是亵渎神灵,玷污佛祖!罪过!罪过!"说着,虔诚之至地补念了一遍忏悔经,又跪下了。

心灵絮语

拿破仑说:"不想当元帅的士兵不是好士兵。"事实上没有人不想出人头地,说不想的人只是觉得自己不可能成功,是对自己没有信心。连自己都不相信自己是做人的最大悲哀。记住:相信自己的人不一定会成功,但不相信自己的人却连成功的可能也没有。

04　认识你自己，是最大的救赎

人生启示：

不相信自己就只能徘徊在成功的门外。

有一个经理，他把全部财产投资在一种小型制造业上，结果由于世界大战的爆发，他无法取得他的工厂所需要的原料，因此只好宣告破产。

事业的失败与金钱的丧失，使他大为沮丧。于是他离开妻子儿女，成为一名流浪汉。他对于这些损失无法忘怀，而且越来越难过。到最后，甚至想要跳湖自杀。

一个偶然的机会，他看到了一本名为《自信心》的书。这本书给他带来勇气和希望，他决定找到这本书的作者，请作者帮助他再度站起来。

当他找到作者，说完他的故事后，那位作者却对他说："我已经以极大的兴趣听完了你的故事，我希望我能对你有所帮助，但事实上，我却绝无能力帮助你。"

他的脸立刻变得苍白，他低下头，喃喃地说道："这下子完蛋了。"

作者停了几秒钟，然后说道："虽然我没有办法帮你，但我可以介绍你去见一个人，他可以协助你东山再起。"

作者刚说完这几句话，流浪汉立刻跳了起来，抓住作者的手，说道："看在老天爷的份上，请带我去见这个人。"

不一样的成功启示录

于是作者把他带到一面高大的镜子面前,用手指着说:"我介绍的就是这个人。在这世界上,只有这个人能够使你东山再起。除非坐下来,彻底认识这个人,否则你只能跳到密歇根湖里。因为在你对这个人作充分的认识之前,对于你自己或这个世界来说,你都将是个没有任何价值的废物。"

他朝着镜子向前走几步,用手摸摸他长满胡须的脸孔,对着镜子里的人从头到脚打量了几分钟,然后退几步,低下头,开始哭泣起来。

几天后,作者在街上碰见了这个人时,几乎认不出来了。他的步伐轻快有力,头抬得高高的。他从头到脚打扮一新,看来很成功的样子。

"那一天我离开你的办公室时还只是一个流浪汉。我对着镜子找到了我的自信。现在我找到了一份年薪三千美元的工作。我的老板先预支一部分钱给我家人。我现在又走上成功之路了。"他还风趣地对作者说:"我正要前去告诉你,将来有一天,我还要再去拜访你一次。我将带一张支票,签好字,收款人是你,金额是空白的,由你填上数字。因为你使我认识了自己,幸好你要我站在那面大镜子前,把真正的我指给我看。"

心灵絮语

求人不如求己。别人或许可以给你一时的帮助,但关键的事还得靠自己去做。一定要相信自己能够做好,这是一个人做事情与活下去的动力,没有了这种信心,你就不能认识自己,不敢去面对一切。只有相信自己才不会半途而废,才能一步步走向成功。

05　真正的价值,不会因各种摧残而贬值

人生启示:

永远不要对自己失去信心,任何经历都不会改变你的价值。

在一次讨论会上,一位著名的演说家没讲一句开场白,手里却高举着一张20美元的钞票。面对会议室里的200个人,他问:

"我打算把这20美元送给你们中的一位,谁愿意要这20美元?"一只只手举了起来。

他接着说:"但在把它给你之前,请准许我做一件事。"他说着将钞票揉成一团,然后问:"谁还要?"仍有人举起手来。

他又说:"那么,假如我这样做又会怎么样呢?"他把钞票扔到地

上,又踏上一只脚,并且用脚碾它。尔后他拾起钞票,钞票已变得又脏又皱。

"现在谁还要?"还是有人举起手来。

"朋友们,你们已经上了一堂很有意义的课。无论我如何对待那张钞票,你们还是想要它,因为它并没贬值。它依旧是20美元。"

心灵絮语

不论是谁,在人生路上都会遇到各种各样的坎坷、挫折、不幸……你或许会被打击得几乎崩溃,甚至对生活失去信心。但你要相信自己:你就是你,不会因为你的经历而改变,不要觉得自己似乎一文不值,无论发生什么,或将要发生什么,你永远不会丧失存在的价值。价值不依赖你的所作所为,而是取决于你自身!

06　自信的你,才是最美的你

人生启示:

自信的人能更好地发挥自己的潜能。

一个女孩喜欢上同院里的一个男孩,而男孩难以忘怀女孩小时的狼狈样儿,难以报以爱心。

一日,两人同去看演唱会,男孩深为台上女歌星的美貌倾倒,女孩问:"你看什么看得如此入迷?"

男孩答:"那位歌星的发夹真漂亮!"

第四章 相信自己是必不可少的

后来,女孩在商场里看到了同样的发夹,但是价格不菲。女孩犹豫再三,想起男孩看女歌手时的痴迷样儿,一狠心决定买一个。但是钱没带够,于是交了定金,下回补齐钱才取货。

女孩后来又去了商场交钱,补齐了发夹的钱,就很神气的回家了,边走边想:我带了美丽的发夹,该多好看呀!像那日演唱会的歌星一样!那男孩一定会喜欢我的……女孩越想越美,很高兴地走着,一路上的确有很高的回头率。

进了大院,见到男孩在与人聊天,抬头见了女孩,很惊艳的样子。女孩更得意了。但是不一会儿,女孩就发现自己头上的发夹没了,女孩很焦急,沿途找回去,一直找到商场里,服务员将发卡为她保存起来了。原来,女孩急于想展示自己的美丽,付过钱后忘了把发夹拿走。

后来女孩终于得到了男孩的爱。男孩无意中说起,从小到大总在一起,所以一直未曾注意过,只是因为那一天,看到她的自信,因为她要故意引起别人的注意,才让他发现了她的魅力……

那一天就是女孩买发卡的日子,但当时发卡还在商店里。

不一样的成功启示录

心灵絮语

每个人都是独特的,当然身上会有好多优势可以让你自信的。许多人常常因为自己不相信自己,认为自己这也不好,那也不行,结果这种潜意识的提醒给心理造成无形的压力,到最后表现真的就会很糟糕。相反,自信会让你情绪饱满、思维活跃,以及言行举止富有感染力,最终你会赢得别人的认可。

07 英雄不问出处,成功源于自信

人生启示:

成败不是因为种族、出身,关键是你的心中有没有自信。

一天,有几个白人小孩正在公园里玩。

这时,一位卖氢气球的老人推着货车进了公园。白人小孩一窝蜂地跑了过去,每人买了一个,兴高采烈地追逐着放飞在天空中的色彩艳丽的氢气球。

在公园的一个角落蹲着一个黑人小孩,他羡慕地看着白人小孩在嬉戏,不敢过去和他们一起玩,因为他很自卑。白人小孩的身影消失后,他才怯生生地走到老人的货车旁,用略带恳求的语气问道:

"您可以卖一个气球给我吗?"

老人用慈祥的目光打量了他一下,温和地说:"当然可以,你要一个什么颜色的?"小孩鼓起勇气回答:"我要一个黑色的。"

脸上写满沧桑的老人惊诧地看了看黑人小孩,旋即给了他一个黑

第四章 相信自己是必不可少的

色的氢气球。黑人小孩开心地拿过气球,小手一松,黑色气球在微风中冉冉升起,在蓝天白云的映衬下形成了一道别样的风景。

老人一边眯着眼睛看气球上升,一边用手轻轻地拍了拍黑人小孩的后脑勺,说:"记住,气球能不能飞起,不是因为它的颜色、形状,而是气球内有没有充满氢气。一个人的成败不是因为种族、出身,关键是你的心中有没有自信。"

从此,这黑人小孩谨记老人的话,不断努力,最终取得了杰出的成就。

心灵絮语

自信是人生不竭的动力,它能帮助你战胜自卑和恐惧,不论你的种族、出身、贫富,只要相信自己,并不断为理想去努力,成功就会拥抱你。

第五章

有志者事竟成

锲而不舍,金石可镂;弃而舍之,朽木不折;骐骥一跃,不能十步;驽马十驾,功在不舍。

不一样的成功启示录

01　明确目标，坚持你的坚守

人生启示：

笑在最后的人笑得最好。

慧敏是整个小区里最漂亮的一个女孩,走到哪里都是一抹婉约的风景。因此,众多的男孩子都被她的靓丽所吸引,开始疯狂的追求。奇怪的是,慧敏对所有的追求者都是淡淡的,没有表现出对谁特别反感或特别喜欢。

日子就这样一天天地过着,直到有一天,所有狂热的追求者都一一放弃了。

原来他们都听到了一个秘密,说有一个知情人士透露的,慧敏很小时就有先天性心脏病,尽管不影响她的正常生活,但是,却不能像正常人一样担负生儿育女的责任。于是一时间什么"红颜薄命"啦,什么"天妒红颜"呀,在小区里传开了。

慧敏也听到了这些风言风语,但是,面对别人询问的眼神,她没有做任何解释。没有站出来解释,就是默认,那么传言就是真的。追求者们终于明白慧敏为什么对谁都不即不离,他们都退缩了,有的甚至开始后悔为慧敏浪费自己的青春。

就这样又过了很长一段时间。有一天,一个男孩子走进了她家向她求爱。慧敏淡淡地问男孩道:"你不知道我有心脏病吗?你如果娶了我,就不怕断了香火吗?你一辈子不能像别人那样做爸爸不会后悔吗?"

男孩子认真地说:"这件事我已经考虑很久了,也曾想过放弃。但是，我觉得我爱的是你。我不会因为你的病而放弃对你的爱。我希望有小孩，但既然不能有孩子，我至少还有你，因为对我来说你比一切都重要。"

慧敏嫁给了那男孩。让所有人意外的是，结婚一年半以后，他们有了一个漂亮的男孩。有人猜测是有的人被拒绝后的报复；也有人说是其他女孩的忌妒；还有人说是女孩自己故意考验众多的追求者。然而不论是哪一种说法，当初的谣言已不攻自破。最终得到慧敏的爱的是那个真诚而执著的男孩。

心灵絮语

人生虽然短暂，但人生的道路是漫长的。在人生的旅程中一定会有许许多多的坎坷与考验，只有执著的人，不懈追求的人才能赢得最后的成功！

02 人生如棋局，屡败屡战矣

人生启示：

冷静面对挫折，决不轻言失败。

在我国一直流传着一个很有名的历史故事：1854年初，湘军练成水陆师1.7万人，会师湘潭；曾国藩撰檄文声讨太平天国，誓师出战，向西征的太平军进攻。结果曾国藩遭遇了打仗很硬的石达开。初败于岳州、靖港，他愤不欲生，第一次投水自杀，被左右救起。后在湘潭获胜，转入反攻，连陷岳州、武汉。继之三路东进，突破田家镇防线，兵

不一样的成功启示录

锋直逼九江、湖口。后水师冒进,轻捷战船突入鄱阳湖,为太平军阻隔,长江湘军水师连遭挫败,曾国藩率残部退至九江以西的官牌夹,其座船被太平军围困。曾国藩第二次投水自杀,又被随从捞起,只得退守南昌。

在又一次被敌人打败之后,京师催报战况,无奈之下,他向京师如实上奏,一方面报告情况,一方面寻求对策,要求援兵。当时他在奏章写了这样一句话,"臣屡战屡败,有愧圣恩……",他的幕僚周中华看到这个奏章后,觉得不妥,提笔在手,便在曾国藩所写"屡战屡败"四字旁落笔又写下四个字"屡败屡战"!这四个字仅仅是顺序的改变,顿时将原本败军之将的狼狈变为英雄的百折不挠。同样的四个字,不同的用法,高低之分立见,而其中之含义更是天差地别,迥然有异。

曾国藩见周中华写出这四个字后,沉思良久,终于眉头舒展,露出微笑,道:"中华果然奇才,这颠倒之间,便有了不同的意境,当真一字千金,老朽自愧不如!"

周中华淡淡一笑,道:"恩师学究天人,只是身在局中、关心则乱,中华游戏文字,不值一哂。"他顿了顿又说道:"学生以为,恩师此后征剿'逆匪',恐难毕其功于一役。百战艰难,胜败乃兵家常事,当以此'屡败屡战'为铭,方可逢凶化吉,遇难呈祥。"

这就如同弈棋一般,关键一步,满盘皆活。有了"屡败屡战"这一主旨,曾国藩运笔如飞,旋即将一份奏折拟好。在奏折中,曾国藩详尽叙述了他如何在叛匪大军进逼下,独立支撑,屡败屡战,最后把握战机,果断进攻,终于在湘潭大败敌军。由此一来,靖港之败只不过成了"屡败"之中的一次小败,而湘潭大捷则变成为曾国藩苦心经营的结果。

自太平军造反作乱至今,朝廷军队吃的败仗已经数不胜数,多一个不为多,少一个也算不了什么,但是类似湘潭大捷这样的胜仗,确实凤毛麟角,少而又少,对于此时颓废的形势,无异于一支"强心针",有振聋发聩之功效!未曾花费朝廷的粮饷,而能有这样一支精兵,自然要当成"典型"来宣传、褒奖。于是,咸丰皇帝接到奏章后,亲自拟定上谕,对于此前湘军的溃败,对于岳州和靖港之战则轻轻带过,未予深究,却着实嘉奖了湘潭大捷。与此同时授权曾国藩,可以视军务之需,调遣湖南境内巡抚以下所有官员,可单线奏事、举荐弹劾!

这一来,惨败了数次,最后还差点自杀的曾国藩,不但在与太平军的战争上打了一个大胜仗,更在湖南官场全面翻身,笑到了最后!

此后,曾国藩用兵更加稳慎,战前深谋远虑,谋定后动,最终平定了太平天国运动。

这个故事本身说的是智慧,但我们可以由此想得到,屡败屡战是挫折中的执著,不气馁,是希望,是勇气。

心灵絮语

人成长的过程中,总会遭遇失败,在失败中不要被挫折击倒,决不要轻言放弃。失败对未来而言,是学习和吸取教训的机会,是下一次努力的台阶。只有这样的人,才能在愿望多次受到挫折以后克服内心的恐惧和障碍,从而具备了顽强的意志和高远的智慧,成为"屡败屡战"的斗士,最终才会走向成功。

03　信念不倒，永不言弃

人生启示：

心中有坚定的信念，就一定能走出生命的沼泽地。

故事一：

一场突然而至的沙暴，让一位独自穿行大漠者迷失了方向，更可怕的是干粮和水已用完。翻遍所有的衣袋，他只找到一只青苹果。

"哦，我还有一个苹果。"他惊喜地喊道。

他攥着那个苹果，深一脚浅一脚地在大漠里寻找着出路。整整一个昼夜过去了，他仍未走出空旷的大漠，饥饿、干渴、疲惫却一起涌上来。望着茫茫无际的沙海，有好几次他都觉得自己快要支撑不下去了，可是看一眼手里的苹果，他抿抿干裂的嘴唇，便又添了些力量。顶着炎炎烈日，他又继续艰难地跋涉。已数不清摔了多少跟头，只是每一次他都挣扎着爬起来，跟跄着一点点地往前挪，他心中不停地默念着："我还有一个苹果，我还有一个苹果……"

三天后，他终于走出了大漠。

故事二：

有个叫阿巴格的人生活在内蒙古草原上。

有一次，年少的阿巴格和他爸爸在草原上迷了路，阿巴格又累又怕，到最后实在走不动了。爸爸就从兜里掏出五枚金币，把一枚金币埋在草地里，把其余四枚金币放在阿巴格的手上，他以五枚金币来比喻人生的五个阶段——童年、少年、青年、中年、老年，各个阶段都有一枚金币，你现在才用了一枚，就是埋在草地里的那一枚，不要都扔在草

第五章　有志者事竟成

原里。你可以把自己童年的金币这样埋进草地中，但是不要轻易地把其他的四枚都扔在这里。你要一点点地用，每一次都用出不同来，这样才不枉人生一世。今天我们一定要走出草原，你将来也一定要走出草原。世界很大，人活着，就要多走些地方，多看看，不要让你的金币没有用就扔掉。"在父亲的鼓励下，阿巴格终于又站了起来，他们终于走出了草原。

直到二十五岁那一年，阿巴格从电视上看到了大海，他做出了决定——走出草原。他把第二枚金币埋在了草原，带着其余的三枚金币，只身一人乘车来到了佛罗里达，当了一名水手。他一生的梦想，就是能拥有一条可以远洋的一百马力以上的铁船。为了这个梦想他一直在努力。

在他来到海上的第九个年头，他用攒下的钱买下了这条十二马力的新木船。结果刚刚没多久，在一次带另外两位渔民出海时，因为木船出了故障。他们在海上漂了七天六夜，船上什么吃的都没有，在几乎坚持不下去的时候，他给另两个伙伴讲了小时候的故事。讲完以后他说："我还年轻，还有人生的三枚金币，不能就这么把他们扔到大海里，一定要活着回去！"

结果就在这个故事讲完后，才十几个小时，他们就真的活着回来了！在海上漂泊了七天七夜，船上没有任何食物，他们居然靠着船长小时候的故事，靠着坚韧的生存毅力活着回来了！

心灵絮语

在生命的旅程中，我们常常遇到各种突如其来的挫折和困难，遭遇某些意想不到的困境。这时要坚信没有穿不过的风雨，没有涉不过

75

不一样的成功启示录

的险途。千万不要轻言放弃,信念就是黑暗中的灯塔,迷雾中的导航灯,只要心头有那盏希望之灯,总会渡过难关。

------

04 信念与毅力是理想的翅膀

人生启示:

只要坚持不懈,信念就会让理想飞起来。

多年前,一位穷苦的牧羊人领着两个年幼的儿子,以替别人放羊来维持生计。一天,他们赶着羊来到一个山坡。这时,一群大雁鸣叫着从他们头顶飞过,并很快消失在远处。

牧羊人的小儿子问他的父亲:"大雁要往哪里飞?"

"它们要去一个温暖的地方,在那里安家,度过寒冷的冬天。"牧羊人说。

他的大儿子眨着眼睛羡慕地说:"要是我们也能像大雁一样飞起来就好了,那我就要飞得比大雁还要高,去天堂,看妈妈是不是在那里。"

小儿子也对父亲说:"做个会飞的大雁多好啊!那样就不用放羊了,可以飞到自己想去的地方。"

牧羊人沉默了一下,然后对儿子们说:"只要你们想,你们也能飞起来。"两个儿子试了试,并没有飞起来。他们用怀疑的眼神瞅着父亲。

牧羊人说,让我飞给你们看。于是他飞了两下,也没飞起来。牧

第五章 有志者事竟成

羊人肯定地说,我是因为年纪大了才飞不起来,你们还小,只要不断努力,就一定能飞起来,去想去的地方。

儿子们牢牢记住了父亲的话,并一直不断地努力。随着年龄的增长,他们知道了父亲的话只是象征,并不是让他们像大雁一样飞起来。然而,他们长大以后却真的飞起来了,因为他们发明了飞机。他们就是美国的莱特兄弟。

心灵絮语

在执著的追求下,理想一定会变成现实。坚定的信念与坚强的毅力是理想的两个翅膀,有许多理想看来只不过是梦想,让人觉得遥不可及,甚至是做白日梦,但在不懈的努力下她会放飞你的梦想,创造生命奇迹。

不一样的成功启示录

05　等不及成功，就只能等待失败

人生启示：

你如果没有耐心去等待成功的到来，就只好用一生的耐心去面对失败。

全国著名的推销大师即将告别他的推销生涯，应行业协会和社会各界的邀请，他将在该城中最大的体育馆，做告别职业生涯的演说。

那天，会场座无虚席，人们在热切地、焦急地等待着那位当代最伟大的推销员作精彩的演讲。当大幕徐徐拉开，舞台的正中央吊着一个巨大的铁球。为了这个铁球，台上搭起了高大的铁架。

一位老者在人们热烈的掌声中，走了出来，站在铁架的一边。他穿着一件红色的运动服，脚下是一双白色胶鞋。人们惊奇地望着他，不知道他要做出什么举动。

这时两位工作人员，抬着一个大铁锤，放在老者的面前。主持人对观众讲：请两位身体强壮的人，到台上来。好多年轻人站起来，转眼间已有两名动作快的跑到台上。老人这时开口和他们讲规则，请他们用这个大铁锤，去敲打那个吊着的铁球，直到把它荡起来。一个年轻人抢着拿起铁锤，拉开架势，抡起大锤，全力向那吊着的铁球砸去，一声震耳的响声，那吊球动也没动。他就用大铁锤接二连三地砸向吊球，很快他就气喘吁吁。另一个人也不甘示弱，接过大铁锤把吊球打得叮当响，可是铁球仍旧一动不动。台下逐渐没了呐喊声，观众好像认定那是没用的，就等着老人做出解释。

会场恢复了平静，老人从上衣口袋里掏出一个小锤，然后认真地，面对着那个巨大的铁球。他用小锤对着铁球"咚"敲了一下,然后停顿一下,再一次用小锤"咚"敲了一下。人们奇怪地看着,老人就那样"咚"敲一下,然后停顿一下,就这样持续不停。十分钟过去了,二十分钟过去了,会场早已开始骚动,有的人干脆叫骂起来,人们用各种声音和动作发泄着他们的不满。老人仍然用小锤不停地工作着,他好像根本没有听见人们在喊叫什么。人们开始愤然离去,会场上出现了大块大块的空缺。留下来的人们好像也喊累了,会场渐渐地安静下来。

大概在老人进行到四十分钟的时候,坐在前面的一个妇女突然尖叫一声:"球动了!"刹那间会场立即鸦雀无声,人们聚精会神地看着那个铁球。那球以很小的幅度摆动了起来,不仔细看很难察觉。老人仍旧一小锤一小锤地敲着,人们都看到了那被小锤敲打的吊球动了起来。吊球在老人一锤一锤的敲打中越荡越高,它拉动着那个铁架子"哐、哐"作响,它的巨大威力强烈地震撼着在场的每一个人。终于场上爆发出一阵阵热烈的掌声。在掌声中,老人转过身来,慢慢地把那把小锤揣进兜里。

老人开口讲话了,他只说了一句话:在成功的道路上,你没有耐心去等待成功的到来,那么,你只好用一生的耐心去面对失败。

心灵絮语

成功都要经历太多的挫折坎坷,都要日复一日的重复一项项单调的、枯燥乏味的工作。如果没有耐心做下去,没有持之以恒的精神,那么你就只能面对失败。绳锯木断,水滴石穿。不论做什么事,只要有耐心坚持下去,就一定能够成功。

不一样的成功启示录

06　成功之必备：持之以恒

人生启示：

最容易做的事也是最难做的事,最难做的事也是最容易做的事。

故事一：

有一个年轻人好不容易找到一份工作,被派到一个海上油田钻井队。首次在海上作业时,领班要求他在限定的时间内,登上几十米高的钻油台上,将一个包装盒子交给最顶层的一名主管。于是他小心翼翼地拿着盒子,快步登上狭窄的阶梯,将盒子交给主管。主管看也不看一眼,只是在盒子上签了个名,然后又叫他马上送回去。他只好又快步地跑下阶梯,将盒子交给领班,领班同样也在盒子上面签了个名,又叫他送上去交给主管。他疑惑地看了领班一眼,但还是依照指示去做了。

第二次爬到顶层的他已经气喘如牛,主管仍旧默不作声地在盒子上签了个名,示意要他再送下去。这时他心中开始有些不悦,无奈地转身拿起盒子送下去。他再度将盒子交给领班,领班依旧签了名后又让他再上去一趟,此时他已经有些发火,他瞪着领班强忍住不发作,抓起盒子生气地往上爬。到达顶层时他已经全身湿透了。他将盒子递给主管,主管头也不抬地说：

"将盒子打开吧！"

此时他再也忍不住满腔的怒火,重重地将盒子摔在地上,然后大声吼道："老子不干了！"这时主管站了起来,打开盒子拿出香槟,叹了口气对他说："刚才你所做的一切,叫做极限体力训练,因为我们在海上作业,随时可能会遇到突发的状况及危险,因此每一位队员必须具备极强的体力与配合度,以此来面对各种考验。好不容易前两次你都顺利过关,只差最后一步就可以通过了,实在很可惜!你是无法享受到自己辛苦带上来的香槟了。现在,你可以离开了!"

故事二:

开学第一天,一位先生对学生们说:"今天咱们只学一件最简单也是最容易的事儿。每人把胳膊尽量往前甩,然后再尽量往后甩。"说着,先生示范了一遍。"从今天开始,每天做三百下。大家能做到吗?"学生们都笑了。这么简单的事,有什么做不到的?

过了一个月,先生问学生们:"每天甩手三百下,哪些同学坚持了?"有百分之九十的同学骄傲地举起了手。

又过了一个月,先生又问,这回,坚持下来的学生只剩下八成。

一年过后,先生再一次问大家:"请告诉我,最简单的甩手运动,还有哪几位同学坚持了?"这时,整个教室里,只有一人举起了手。这个学生就是后来成为古希腊大哲学家的柏拉图。

心灵絮语

其实好多事并不难,因此反复的去做就更显枯燥无味;也有好多事并不简单,但总是透着新奇,所以也就能善始善终。成功只垂青于能坚持到最后的人,所以说,走向成功的唯一捷径就是持之以恒。

不一样的成功启示录

07　坚持到最好一秒，成功就在那里

人生启示：

一定要坚持到最后，因为成功都在最后才能看到。

美国的海关里，有一批没收的脚踏车，在公告后决定拍卖。

拍卖会中，每次叫价的时候，总有一个十岁出头的男孩喊价，他总是以五美元开始出价，然后眼睁睁地看着脚踏车被别人用三十、四十美元买去。拍卖暂停休息时，拍卖员问那小男孩为什么不出较高的价格来买。男孩说，他只有五美元。

拍卖会又开始了，那男孩还是给每辆脚踏车相同的价钱，然后被别人用较高的价钱买去。后来聚集的观众开始注意到那个总是首先出价的男孩，他们也开始察觉到会有什么结果。

直到最后一刻，拍卖会要结束了。这时，只剩一辆最棒的脚踏车，车身光亮如新，有多种排档、十速杆式变速器、双向手煞车、速度显示器和一套夜间电动灯光装置。

拍卖员问："有谁出价呢？"

这时，站在最前面，而几乎已经放弃希望的那个小男孩轻声地再说一次："五美元。"

拍卖员停止唱价，停下来站在那里。

这时，所有在场的人全部盯住这位小男孩，没有人出声，没有人举手，也没有人喊价。直到拍卖员唱价三次后，他大声说："这辆脚踏车卖给这位穿短裤白球鞋的小伙子！"

此话一出，全场鼓掌。那小男孩拿出握在手中仅有的五美元，买

了那辆毫无疑问是世上最漂亮的脚踏车时,他脸上流露了从未见过的灿烂笑容。

不用说,这个男孩得到的脚踏车固然因为人们的爱心,但可以想象:如果他半途而废,如果他没坚持到最后呢?

心灵絮语

也许你觉得没有希望了,似乎看到失败了,所以你放弃了,这往往就是成功者比失败者少的原因。不要放弃!每个放弃的念头起来时就告诉自己"再坚持一秒"。就在一秒一秒的推移中到最后,你会发现成功已在眼前了。

08 没有什么是永恒的,只需要耐心

人生启示:

只要有耐心等待,没有什么东西是亘古不变的。

一次,佛陀经过一片森林,那一天非常炎热,而且是日正当午,他觉得口渴,就告诉侍者阿难:"我们不久前曾跨过一条小溪,你回去帮我取一些水来。"

阿难回头去找那条小溪,但小溪实在太小了,有一些车子经过,溪水被弄得很污浊,水不能喝了。

于是阿难回来告诉佛陀:"那小溪的水已变得很脏而不能喝了,我们继续向前走,我知道有一条河离这儿才几里路。"

不一样的成功启示录

佛陀说:"不,你还是回到刚才那条小溪去。"

阿难表面遵从,但内心并不服气,他认为水那么脏,只是浪费时间白跑一趟。他走了一半路,又跑回来说:"您为什么要坚持?"

佛陀不加解释,语气坚决地说:"你再去。"

阿难只好遵从。当他再来到那条溪流旁,那溪水就像它原来那么清澈、纯净——泥沙已经流走了,阿难笑了,提着水跳着舞回来,拜在佛陀脚下说:"师父,您给我上了伟大的一课,没有什么东西是永恒的,只需要耐心。"

心灵絮语

你也做过努力了,也无法再改变自己了,而且也没有其他的办法了,但依然不要放弃。因为不变是相对的,变化是绝对的,事物是在不停发展变化的。所以只要你有耐心,事情就一定会有转机。

第六章
你才是自己生命的掌舵者

生活就是大海，人就是海上之舟，目标就是灯塔。每一艘生命之舟都会有自己的航行方向。人就是自己生命的掌舵者。

不一样的成功启示录

01 慎重选择，因为那关系到未来

人生启示：

什么样的选择，决定什么样的生活。

有一个颇有哲理的小笑话是这样说的：

有三个人要被关进监狱三年，其中一个是美国人，另一个是法国人，还有一个是犹太人。监狱长答应满足他们每人一个要求，但只能满足每人一个要求。

那美国人极其喜爱抽雪茄，所以他要了三箱雪茄；法国人是世界上最浪漫的人，因此要了个美丽女子相伴。最后轮到犹太人，他则要了一部能与外界沟通的电话。要求提完后，美国人和法国人都笑那个犹太人是个傻瓜，犹太人没有说话。

监狱长命人把他们分别关了起来。

三年期限满了，美国人第一个被放出来。他的嘴里、鼻孔里塞满了雪茄，向周围的人急切的喊道："给我火，给我火！"引得人们一阵大笑。原来监狱长只满足了他要雪茄的一个要求，并没有给他火。

第二个放出来的是法国人。只见他怀里抱着一个小孩子，那美丽女子手里牵着一个小孩子，再看那女子臃肿的肚子，里面还怀着第三个孩子。又是一场大笑。

最后放出来的是那个犹太人。他笑着握住监狱长的手说："这三年来我每天与外界联系，而且少去了外界的干扰，我的生意不但没有

停顿,反而翻了三番。为了表示对你的感谢,我决定送你一套豪华别墅!"

心灵絮语

你今天的生活是由你昨天的选择决定的;而今天你的抉择,也将决定你明天的生活。什么样的选择,决定什么样的生活。只有在把握最新的信息,了解最新趋势的情况下制定未来的目标,你才能更好地创造自己的将来!

02 抛开一切干扰,只做自己

人生启示:

走路只是行走的方式而已,目的地才是前进的目标。

蜈蚣是用上百条细足蠕动前行的。哲学家青蛙见了蜈蚣,久久地

不一样的成功启示录

注视着。心里很纳闷:四条腿走路都那么困难,可蜈蚣居然有上百条腿,它如何行走?这简直是奇迹!它又怎么知道该是哪只脚先走,哪只脚后走?接下来又是哪一只呢?有上百条腿呢!

"我是个哲学家,但是被你弄糊涂了,有个问题我解答不了,你是怎么走路的?用这么多条腿走路,这简直不可能!"蜈蚣说:"我一生下来就是这样走路的,一直到现在,但我从来没想过这个问题。现在我必须好好思考一下才能回答你。"蜈蚣站在那儿好几分钟,它发现自己动不了了。摇晃了好一会儿,最后蜈蚣终于倒下了。

蜈蚣告诉哲学家:"请你不要再去问其他蜈蚣同样的问题。我一直都在走路,这根本不成问题,但现在我已经无法控制自己的脚了!上百条腿都要移动,我该怎么办呢?"

读这个故事时不禁想起另一个关于走路的寓言故事。

有一个燕国人,听说邯郸人走路的样子特别好看,就去那里学习。看到那儿小孩走路,他觉得活泼,他就模仿;看到妇女走路,摇摆多姿,他也模仿;看见老人走路,他觉得稳重,他还是模仿;由于他只知一味地模仿,结果不但没有学会邯郸人走路的样子,反而连自己是怎么走

路的也忘了,最后只好爬着回家。

心灵絮语

　　人生追求的不是方式,而是最终目标,所以用什么方式并不是最重要的。如果对方式作了太多刻板的界定,反而会束缚了自己,甚至导致目标无法实现,最终一事无成。做人对自己有信心,试着去享受生命中的自然,不要事事引经据典,否则会让自己无所适从。

03　有坚持的信念,才会有坚持的生命

　　人生启示:

　　明确的目标会给你奋斗的动力。

　　在非洲一片茂密的丛林里走着四个皮包骨头的男子,他们扛着一只沉重的箱子,在茂密的丛林里跟跟跄跄地往前走。这四个人是:巴里、麦克里斯、约翰斯、吉姆。他们是跟随队长马克格夫进入丛林探险的。马克格夫曾答应给他们优厚的工资。但是,在任务即将完成的时候,马克格夫不幸得病而长眠在丛林中。

　　这个箱子是马克格夫知道自己走不出丛林时亲手制作的。他十分诚恳地对四人说道:"我要你们向我保证,一步也不离开这只箱子。如果你们把箱子送到我朋友麦克唐纳教授手里,你们将获得比金子还要贵重的东西。我想你们会送到的,我也向你们保证,比金子还要贵重的东西,你们一定能得到。"

不一样的成功启示录

埋葬了马克格夫以后,这四个人就上路了。但密林的路越来越难走,箱子也越来越沉重,而他们的力气却越来越小了。他们像囚犯一样在泥潭中挣扎着。一切都像在做噩梦,而只有这只箱子是实在的,是这只箱子在支撑着他们的身躯!否则他们全倒下了。他们互相监视着,不准任何人单独乱动这只箱子。在最艰难的时候,他们想到了未来的报酬是多少,当然,有了比金子还重要的东西……

终于有一天,绿色的屏障突然拉开,他们经过千辛万苦终于走出了丛林。四个人急忙找到麦克唐纳教授,迫不及待地问起应得的报酬。教授似乎没听懂,只是无可奈何地把手一摊,说道:"我是一无所有啊,噢,或许箱子里有什么宝贝吧。"

于是当着四个人的面,教授打开了箱子,大家一看,都傻了眼,满满一堆无用的石头!

"这开的是什么玩笑?"约翰斯说。

"一文钱都不值,我早就看出那家伙有神经病!"吉姆吼道。

"比金子还贵重的报酬在哪里?我们上当了!"麦克里斯愤怒地

嚷着。

此刻,只有巴里一声不吭,他想起了他们刚走出的密林里,到处是一堆堆探险者的白骨,他想起了如果没有这只箱子,他们四人或许早就倒下去了……

想到这里,巴里站起来,对伙伴们大声说道:"你们不要再抱怨了。我们得到了比金子还贵重的东西,那就是生命!"

心灵絮语

人是具有高级思维能力的生命,因此人的行动必须有目的。尽管有些目的最终是无法实现,但至少它曾经给你希望,支撑了你的一段生活,因而这段生活不在无聊、悲观,使你不再觉得每天无所事事。生命的意义在于运动,而目标就是你最好的动力,请记住:一定要给自己一个明确的目标。

04 只要你怀抱梦想,平凡终将伟大

人生启示:

你拥有什么样的梦想,你就能成就什么样的人生。

从前,在某个山冈上,三棵小树站在上面,梦想长大后的光景。

第一棵小树仰望天空,看着闪闪发光的繁星。"我要承载财宝,"它说,"要被黄金遮盖,载满宝石。我要成为世上最美丽的藏宝箱!"

第二棵小树低头看着流往大海的小溪,"我要成为坚固的船,"它

不一样的成功启示录

说,"我要遨游四海,承载许多强大的国王,我将成为世上最坚固的船!"

第三棵小树看着山谷上面,以及在市镇里忙碌来往的男女,"我要长得够高大,以致人们抬头看我时,也将仰视天空,想到神的伟大,我将成为世上最高的树!"

许多年过去,经过日晒雨淋之后,小树皆已长大。

一天,伐木者们来到山上。第一位伐木者看到第一棵树说:"这一棵树很美,最合我意。"于是利斧一挥,第一棵树倒下了。"我要成为一只美丽的藏宝箱,"第一棵树想,"我将承载财富。"

第二位伐木者看着第二棵树说:"这一棵树很强壮,最合我意。"利斧一挥,第二棵树也倒了下来。"现在我将遨游四海,"第二棵树想,"我将成为坚固的船,承载许多君王!"

当第三位伐木者朝第三棵树看时,它的心顿时下沉,它直立在那里,勇敢地指向天空。但第三位伐木者根本不往上看。"任何树我都合用。"他自言自语地说。利斧一挥,第三棵树倒了下来。当伐木者把第一棵树带到木匠房里,它很高兴,但木匠准备做的不是藏宝箱。他那粗糙的双手把第一棵树造成一个给动物喂食的料槽。曾经美丽的树木可承载黄金或宝石,但如今它被铺上木屑,里面装着给牲畜吃的干草。第二棵树在伐木者把它带到造船厂时发出微笑,但造成的不是一条坚固的大船。反之,那一度强壮的树被做成一条简单的渔船。这条船太小也太脆弱,甚至不适合在河流上航行,它被带到一个湖里,每天它承载的均是气味四溢的死鱼。

第三棵树被伐木者砍成一根坚固的木材,并且放在木材堆场内,

第六章 你才是自己生命的掌舵者

它心里困惑不已,"到底是怎么一回事?"曾经高大的树自问,"我的志愿是站在高山上,指向神。"

许多昼夜过去,这三棵树都几乎忘记了它们的梦想。

一天晚上,当金色的星光倾注在第一棵树上面,一位少妇把她的婴孩放在料槽里。"我希望能为他造一张摇床。"她的丈夫低声说。母亲微笑着捏一捏他的手,星光照耀在那光滑坚固的木头上面。"这马槽很美。"她说。忽然,第一棵树知道它承载着世上最大的财富。

一天晚上,一位疲倦的旅客和他的朋友走上那旧渔船。当第二棵树安静地在湖面航行时,那旅客睡着了。不久强烈的风暴开始侵袭。小树摇撼不已,它知道自己无力在风浪中承载许多人到达彼岸。疲倦的旅人醒过来,站着向前伸手说:"安静下来。"风浪顿时止住。忽然,第二棵树明白过来,它正承载着天地的君王。

星期五早上,第三棵树惊讶地发现它竟从被遗忘的木材堆中被拉出来。它被带到一群愤怒不已的人群面前,它感到畏缩。当他们把一个男人钉在它上面时,它更是颤抖不已。它感到丑陋、严酷、残忍。但在星期天早晨,当太阳升起,大地在它之下欢喜震动时,第三棵树知道神的爱改变了一切。

神的爱使第一棵树美丽;神的爱使第二棵树坚强;每次当人们想到第三棵树时,他们便想到神。这样比成为世上最高大的树更好。

心灵絮语

小时候,每个人都有过远大的理想,你可能曾经想成为一名诗人,或者成为一位元帅,再或者成为一名宇航员……那时正值年少轻狂。

不一样的成功启示录

渐渐长大,发现大多数人都是平凡人,目标会渐渐萎缩。其实你不该放弃,想成为诗人的人,你的生活会是壮丽的诗篇;想成为元帅的人,你的思想中会有百万雄兵;想成为宇航员的人,你的胸中会有广阔的蓝天……只要有远大的目标,你也许平凡,但绝不卑微。

---

05 让目标近在眼前,梦想不再遥不可及

人生启示:

不要好高骛远,把远大目标分段来实现。

故事一:

一个初秋的傍晚,一只蝴蝶从窗户飞进来,在房间里一圈又一圈地飞舞,不停地拍打着翅膀,它显得惊慌失措。显然,它迷路了。

蝴蝶左冲右突努力了好多次,都没能飞出房子。这只蝴蝶之所以无法从原路出去,原因在于它总在房间顶部的那点空间寻找出路,总不肯往低处飞——低一点儿的地方就是开着的窗户。甚至有好几次,它都飞到离窗户顶部至多两三寸的位置了。

最终,这只不肯低飞一点儿的蝴蝶耗尽全部力气,奄奄一息地落在桌上,像一片毫无生机的叶子。其实,把目前目标降低一下,它就可以达到目的并有机会再次冲击湛蓝的天空。

故事二:

上世纪八十年代中期,在东京国际马拉松邀请赛中爆出一匹黑马:名不见经传的日本选手山田本一出乎意料地夺得了世界冠军。两

年后,意大利国际马拉松邀请赛在意大利北部城市米兰举行,山田本一代表日本参加比赛再次夺冠。

当时人们一直迷惑:他是凭什么取得如此惊人的成绩呢?

十年后,这个谜终于在他的自传中被解开了。他是这么说的:起初,我把我的目标定在40多千米外终点线上的那面旗帜上,结果我跑到十几千米时就疲惫不堪了,我被前面那段遥远的路程给吓倒了。后来,每次比赛之前,我都要乘车把比赛的线路仔细地看一遍,并把沿途比较醒目的标志画下来,比如第一个标志是一座教堂;第二个标志是一座公园;第三个标志是一座大桥……这样一直画到赛程的终点,我的目标就不再是终点,而是分成了若干段。

比赛开始后,我就以百米的速度奋力地向一个接一个的目标冲去,每到达一个目标,我就有种胜利的喜悦,40多千米的赛程,就被我分解成这么几个小目标轻松地跑完了。

不一样的成功启示录

心灵絮语

远大的理想给人的感觉往往多是遥不可及的,所以总会让人觉得枯燥、疲惫。如果把它分成若干段,每段都是一个小目标,这样既容易实现又有一种成就感,总是一个喜悦接一个喜悦,这样就很易坚持下来,当然理想也就很易实现了。

06 坚持目标,拒绝诱惑还是困难

人生启示:

不要让其他的目标影响你的前进,否则你一事无成。

故事一:

一个年轻的男子在街上看见了一个漂亮的姑娘,一直跟着她走了很远的路。

最后,这个女子忍不住转过身来问他:"你为什么老跟着我?"

他表白说:"因为你是我见到过的最美丽的女人,我爱你,嫁给我吧!"

姑娘回答说:"现在你只要回头看看,你就能看见我的妹妹,她比我还要漂亮十倍。"

那个男子转过身去,看到的是随处可见的平常女孩。"你为什么骗我?"他质问那个女子。

"是你在骗我,如果你真的爱上了我,为何还要回头看呢?"她回答。

故事二：

阿牛是一个有力气有恒心的小伙儿，他爱上了山那头的一个姑娘。每次去看这个姑娘，他都要走好几天。家门口这座山太高了。阿牛是那么爱这个姑娘，他决心把眼前的这座山搬走，以表达自己伟大永恒的爱情。

他开始挖山不止，夜以继日，人们都尊敬他的选择，尊称他为"愚公"，为了证明他伟大的爱情，他决定这么干下去。他的赤诚感动了天神，天神把山移走了。阿牛很高兴而且很满足，他用了一个时辰就来到姑娘的门前。可是姑娘并没有等他，她已经投入别人的怀抱。

当阿牛把表达自己伟大永恒的爱情作为目标时，最终结果已经不再是他期待的爱情。

心灵絮语

在生活中，有很多人都会犯这样的错误：没有主见，目标游移不定；也有许多人把过程看得太重，忽略了自己的最终目标。给你一个忠告：做事要分得清主次，不要随意改变自己的目标。

第七章
良好的沟通,成功的基础

世界上最可怕的不是敌手,而是你自己。在你的生活中,有一个人需要你的支持、鼓励和理解,有一个人是你最可信赖的人,这个人就是你自己。因此,认识自我,了解自我,是一件非常重要的事情。

不一样的成功启示录

01 信任，一剂挽救灵魂的良药

人生启示：

信任是一种强大的力量,能够拯救人的心灵。

在一个小镇上有一个出名的无赖,整日游手好闲,酗酒闹事,人们见到他唯恐躲避不及。一天,他醉酒后失手打死了前来上门讨债的债主,被判刑入狱。

入狱后的无赖幡然悔悟,对以往的言行深深感到懊悔。一次,他成功地协助监狱阻止了一次犯人的集体越狱出逃,获得减刑的机会。

他从监狱中出来后,想回到小镇上重新做人。他先是找地方打工赚钱,结果全被对方拒绝。这些老板全部遭受过他的敲诈,谁也不要他这种人来工作。食不果腹的他又来到亲朋好友家借钱,结果遭到的都是一双双不信任的眼睛,失望让他那一颗刚刚充满希望的心,又开始滑向边缘。这时,镇长听说了,就取出了100美元送给他,他接钱时没有显出过分的激动,他平静地看了镇长一眼后,消失在镇口的小路上。

数年后,他从外地归来了。还领回来一个漂亮的妻子。他靠100美元起家,努力拼搏,终于成了一个腰缠万贯的富翁。

他来到了镇长的家,恭恭敬敬地捧上了1000美元,然后真诚的说道:"谢谢您的信任!"接着,他不仅还清了亲朋好友的旧账,还出资为镇上修了座祠堂。

事后,费解的人们问镇长,当初为什么相信他日后能够还上100美元,他可是出了名的借债不还的无赖。镇长笑了笑,说:"我从他借钱的眼神中,相信他不会欺骗我,但是我并没有把握,我那样做是为了让他知道我相信他,让他感受到社会不会遗弃他,生活不会对他冷酷。"

就这样,信任拯救了一个即将走向极端的人。

心灵絮语

金钱可以帮助一个人解决困难,信任却能拯救一个人的灵魂。对人的信任是最大的给予,因为信任是建立在宽容和尊敬的基础之上,这比什么都重要,所以得到你信任的人会感激你一生。

02 相互信任,打开心灵之锁

人生启示:

信任能够开启心灵之锁。

有这样一个笑话:

一对小夫妻,新婚燕尔,如胶似漆,小日子过得十分甜蜜。

一天,丈夫心中高兴,便对妻子说:"你到厨房里打开酒瓮取些葡萄酒来,我俩共饮几杯。"妻子来到厨房,打开酒瓮盖,正要取酒时,却在瓮中看到一个俏丽女人的身影。顿时,她妒火中烧,气冲冲地跑回屋里,责问丈夫:

"你原来已经有了一个女人,还把她藏在酒瓮中。你为什么要欺

不一样的成功启示录

骗我?"

丈夫被问得丈二和尚摸不着头脑,就跑到厨房朝瓮中看个究竟。他一看,顿时也火了,冲着妻子大叫道:

"你说我藏了女人在里面,可我分明看到的是一个男人。你老实说,为什么欺骗我?"

于是,夫妇俩怒目而视,争吵不休,最后大打出手。

这时,来了一位智者,听完夫妇的述说,也到瓮中看了看。他知道这是瓮中葡萄酒映现人影造成的误会,便搬来一块大石头,朝着酒瓮砸了过去,葡萄酒顺着窟窿流了一地。夫妇俩再往瓮中观看时,已是一无所有了。夫妇俩这才明白是影子的缘故,羞愧地低下了头。

心灵絮语

生活中常因为相互猜忌而上演一幕幕闹剧,使原本真挚的朋友反目成仇;恩爱的夫妻分道扬镳;至亲的亲人骨肉分离。其实用信任的钥匙打开心灵之锁,你会发现生活依旧那么美丽。

03 信任与关爱,婚姻的基石

人生启示:

相互关爱是爱情的火种,相互信任是婚姻的基石。

他是个爱家的男人。

他纵容她婚后仍保有着一份自己喜爱的工作;他纵容她周末约同事回家打通宵的麻将;他纵容她拥有不下厨的坏习惯;他纵容她在半夜挑逗那已沉睡的身躯……他始终都扮演着一个好男人的典范,好得让她这个做妻子的暗自惭愧。

虽然她不是个一百分的好老婆,但总能从他的一举一动了解他的情绪,从一个眼神了解他的心境。

她第一次怀疑他,是从一把钥匙开始。

他原有四把钥匙,楼下大门、家里的两扇门以及办公室等四把,不知从何时起他口袋里多了一把钥匙,她曾试探过他,但他支支吾吾闪烁不定的言词,令她更加怀疑这把钥匙的用途。

她开始有意无意地电话追问,偶尔出现在他办公室,名为接他下班实为突击检查,她开始将工作摆在第二位,周末也不再约同事回家打牌,还买了一堆烹饪的录像带和食谱,想专心地做个好妻子,可是一切似乎太迟了。

不一样的成功启示录

　　他愈来愈沉默,愈来愈不让她懂他心里想什么,常常独自一个人在半夜醒来,坐在阳台整夜地吹风。他变得不大说话,精神有点恍惚,有一次居然连公文包都没带就去上班,他真的变了很多,唯一没有变的是他对她的温柔和体谅,但她的猜疑始终没有稍减。在日以继夜地追查下,她终于发现那把钥匙的用途,它是用来开启银行保险箱的,于是她决定追查到底,她悄悄地偷出了那把钥匙进了银行。

　　打开保险箱。首先映入眼帘的是一个珠宝盒,她深深地吸了一口气,缓缓地打开盒盖,然后,心里甜甜地笑了起来:"这个傻瓜。"那是他们两人第一次合照的相片。照片之后是一叠情书,算一算一共二十八封,全是她在热恋时期写给他的,这个时候甜蜜是她脸上唯一的表情。珠宝盒底下是一些有价证券,有价证券底下是份遗嘱,她心想:"待会儿出去一定要骂一骂他,才三十出头立什么遗嘱。"虽然如此,她还是很在意那份遗嘱的内容。她翻开封面,内容写着海边的一栋别墅和存款的百分之二十留给父母,存款的百分之十给大哥,有价证券的百分之二十捐给老人机构,其余所有的动产、不动产都写着一个名字。

　　她哭了,为自己对丈夫的不信任,因为这个名字不是别人,正是她自己。所有的疑虑都烟消云散,他是爱她的,而且如此忠诚。正当她收拾起所有倦怠准备回家为他筹备晚宴时,突然,一个信封从两叠有价证券里掉下来,那已经褪去的猜疑,又复萌了,她迅速地抽出信封里的那张纸,是一张诊断书,在姓名栏处她看到了先生的名字,而诊断栏上是四个比刀还利的字——"骨癌中期"。

第七章 良好的沟通,成功的基础

心灵絮语

不要让自己遗憾对爱人不够关爱;不要让自己后悔对爱人的不够信任;夫妻之间本该多一些关爱,多一些信任。这才能够拥有美丽的爱情,才会拥有幸福的生活。

04 宽容与理解,化解矛盾的利器

人生启示:

宽容与理解往往比讲大道理更容易让人接受。

又是世界足球锦标赛了,有一次,几个要好的朋友相约一起到其中一个朋友家看球。

男人看球时,总是离不开香烟的。一直到球赛结束后,才发现不知不觉中他们已经吸了三盒烟。那位朋友的妻子也一直在旁边陪着他们。但是,她竟然一直什么都没有说。只是在那些球迷朋友们不注意的时候,悄悄的打开了窗子,让新鲜的空气进来。他们觉得很奇怪,其中一个哥们儿问道:"你怎么就不管管他和我们这么抽烟?"

那位朋友的妻子微微一笑,说:"我当然也知道抽烟有害身体健康。但是,人活着就要快乐。如果抽烟能让他快乐,我为什么要阻止?我宁愿让我的丈夫能快快乐乐地活到60岁,也不愿意他勉勉强强地活到80岁。一个人的快乐不是任何时候都能得到的,也不是任何事物都可以换来的。"

当这些朋友再一次聚到一起时,这位哥们儿已经戒烟了。众人问

不一样的成功启示录

他为什么时,他憨笑着回答:"她能为我的快乐着想,我也不能让自己提前20年离开她呀。"

对于现在的烟民来说,戒烟往往是他们家庭矛盾中的一个焦点,但是,由于这位妻子的理解与宽容,这个艰巨的事情竟然在平静之间烟消云散了。

心灵絮语

许多的道理是大家都明白的,凭空的说教与约束更容易让人厌烦,你可能也会因此而生气或郁郁寡欢。不妨换个角度,站在对方的立场上去想,那你就会因为理解而接收,你的心态也就会平和。对方也会感念你的宽容与理解,甚至因此而改变自己。

05　宽恕，做人的境界

人生启示：

宽以待人并非是软弱可欺，而是一种做人的境界。

楚庄王一次平定叛乱后大宴群臣。席间，轻歌曼舞，美酒佳肴，觥筹交错，直到黄昏仍未尽兴。楚王乃命点烛夜宴，还特别请出最宠爱的两位美人许姬和麦姬轮流向文臣武将们敬酒。

忽然一阵疾风吹过，宴席上的蜡烛都熄灭了。趁着黑暗一位官员斗胆拉住了许姬的手，拉扯中，许姬撕断衣袖得以挣脱，并顺手扯下了那人帽子上的缨带。随后许姬回到楚庄王面前告状，让楚王点亮蜡烛后查看众人的帽缨，以便找出刚才无礼之人。楚庄王听完许姬的话，却传命先不要点燃蜡烛，而是大声说：

"寡人今日设宴，与诸位定要尽欢而散。现请诸位都去掉帽缨，以便更加尽兴饮酒。"

听楚庄王这样说，大家都把帽缨取了下来，这才点上蜡烛，君臣尽兴而散。

席散回宫，许姬责怪楚庄王不给她出气。楚庄王说："此次君臣宴饮，旨在狂欢尽兴，融洽君臣关系。酒后失态乃人之常情，若要究其责任，加以责罚，岂不大煞风景？"

七年后，楚庄王伐郑。一名战将主动率部下先行开路。这员战将所到之处拼命死战，大败敌军，直杀到郑国国都之前。

不一样的成功启示录

战后楚庄王论功行赏,才知这员战将名叫唐狡。唐狡表示不要赏赐,坦承七年前宴会上无礼之人就是自己,今日此举全为报七年前不究之恩。

楚王大为感叹,便把许姬赐给了他。

心灵絮语

做人要有宽广的胸怀,时时记着别人的好处,宽恕别人的错处,原谅别人的缺点,尤其是你占尽上风时,更要宽恕别人,这样不仅体现了你高尚的人品和宽阔的胸襟,还会化解敌对情绪,甚至会得到被宽恕者一生的感激。

06　缺点,因宽容而大有作为

人生启示:

宽容地加以利用,缺点也会浇开美丽的花朵。

一位挑水夫有两个水桶,分别吊在扁担的两端,其中一个水桶有裂缝,另一个则完好无缺。在每趟长途的挑运之后,那个完好无缺的水桶总是能将满满一桶水从溪边送到主人家中;但是有裂缝的水桶在到达主人家时,却永远只剩下半桶水。

两年来,挑水夫就这样每天挑一桶半的水来到主人家。当然啦,好桶对自己能够运送整桶水很感自豪;那破桶呢?它对于自己的缺陷非常羞愧,并为自己只能完成一半任务而感到非常难过。

饱尝了两年失败的苦楚,破桶终于忍不住,在小溪旁对挑水夫说:"我很惭愧,必须向您道歉。"

"为什么呢?"挑水夫问道,"你为什么觉得惭愧?"

破桶回答道:"过去两年,因为水总从我这边漏出去,所以我只能送半桶水到达您的主人家。我的缺陷使您付出了全部的劳动却只能收到一半的回报。"

挑水夫真诚地宽慰破水桶,充满爱心地向它说:

"一会儿在我们回到主人家的路上,我希望你留意路旁盛开的花朵。"

挑水夫又挑了两桶满满的水,折返回主人家。走在山坡上,破桶眼前一亮,正如挑水夫所言,它看到缤纷的花朵,开满路的一边,并沐浴在温暖的阳光之下,这景象使它极度兴奋。但是,当走到小路的尽头,它又难受了,因为一半的水又在路上漏掉了!

破桶再次向挑水夫道歉,挑水夫说:"你有没有注意到路两旁,只有你的那一边有花,好桶的那一边却没有花开。"

"我明白你有缺陷,因此我善加利用,在你那边的路旁撒了花种,每回我从溪边来,你就可替我一路上浇花!两年来,这些美丽的花朵装饰了主人的餐桌。如果不是你这样子,主人的桌子上也没有这么好看的花朵呢!"

不一样的成功启示录

每个人在人际交往中都有长处,其实人生处处鲜花盛开,只要善加利用,展其所长,努力使坏事变好事。

心灵絮语

金无足赤,人无完人。每个人都有自身的缺点,我们要以宽容、积极的心态对待他人的缺点,尽可能的将它加以利用,使其不再成为缺点,为沿途浇开美丽的花朵。

07 宽容可以打开爱的大门,化解恩怨

人生启示:

对别人的宽容,会为彼此心灵打开一道爱的大门。

故事一:

古时候有个叫杨翥的人,一天,杨的邻人丢失了一只鸡,指骂被姓杨的偷去了。家人告知杨翥,杨说:"又不只我一家姓杨,随他骂去。"

又一邻居每遇下雨天,便将自家院中的积水排放进杨翥家中,使杨家深受脏污潮湿之苦。家人告知杨翥,他却劝解家人:"总是晴天干燥的时日多,落雨的日子少。"

久而久之,邻居们被杨翥的忍让所感动。有一年,一伙贼人密谋欲抢杨家的财宝,邻人们得知后,主动组织起来帮杨家守夜防贼,使杨家免去了这场灾祸。

故事二:

第七章 良好的沟通，成功的基础

清朝一位名相，他在京城做官时，家人准备修一个后花园，想在花园外留一条三尺宽的巷子。可邻居说那是他的地盘，坚决反对留巷，于是两家为一墙之地发生纠纷。丞相的家人修书一封向远在京城的他求助。丞相在原信上提了一首诗："千里家书只为墙，让他三尺又何妨，万里长城今犹在，不见当年秦始皇。"丞相家人见信后就把自己的墙向内移了三尺。邻居知道了他们移墙的原因后深受感动，又主动让地三尺，最后三尺之巷变成了六尺之巷，也就是今天被人推崇的名胜"六尺巷"。

心灵絮语

"忍一时风平浪静，退一步海阔天空。"生活中，人与人难免发生矛盾，当以宽容的心态面对。能忍则忍，当让便让。忍让和宽容不仅是一种美德，亦是人生的最高境界，它能化解怨气和仇恨，使我们收获爱和快乐。

08 宽容，人生美丽的风景线

人生启示：

怨恨占据了人的心灵，快乐就会被拒绝在心门之外。宽容是人生美丽的风景。

太阳还未升起前，庙前山门外凝满露珠的青草里，跪着一个人："师傅，请原谅我。"

他是城中最风流的浪子，十年前，却是庙里的小和尚，极得方丈宠爱。方丈将毕生所学全数教授于他，希望他能成为出色的佛门弟子，但他却在一夜间动了凡心，偷下山门。五光十色的都市迷乱了他的眼睛，从此花街柳巷，他只管放浪形骸。夜夜都是春，却夜夜不是春。十年后的一个深夜，他陡然惊醒，窗外月色如水，澄明清澈地撒在他的掌心。他忽然深深忏悔，披衣而起，快马加鞭赶往寺里。

"师傅，你肯饶恕我，再收我做弟子吗？"

方丈痛恨他的辜负，也深深厌恶他的放荡，只是摇头："不，你罪过深重，必堕阿鼻地狱。要想佛祖饶恕，除非，"方丈信手一指供桌，"——连桌子也会开花。"

浪子失望地离开。

第二天早上，当方丈踏进佛堂的时候惊呆了：一夜之间，佛桌上开满鲜艳的花朵，红的，白的，每一朵都芳香逼人。方丈在瞬间大彻大悟。他连忙下山寻找浪子，却已经来不及了，心灰意冷的浪子重又堕入他原来的荒唐生活。

佛桌上开出的那些花朵,只开放了短短的一天。方丈因此陷入深深的自责之中。

心灵絮语

既然你会怨恨,那一定是对你心灵的伤害。既然你不能宽恕,那伤害就仍然让你在痛心。一个心痛的人又怎么能看到生命中的美丽?又怎么能感受生活中的快乐?其实,这世界上,没有什么错误不可以原谅,没有什么罪过不可以宽恕。去宽恕别人的过错吧,宽恕本身就是人生的美丽风景,宽恕别人也是释放自己的心灵。

09　照亮别人,照亮自己

人生启示:

只有为别人点燃一盏灯,才能照亮我们自己。

一个漆黑的夜晚,一个远行寻佛的苦行僧走到了一个荒僻的村落中,漆黑的街道上,络绎的村民们在默默地你来我往。

苦行僧转过一条巷道,他看见有一团晕黄的灯从巷道的深处静静地亮过来。身旁的一位村民说:"瞎子过来了。"

瞎子?苦行僧愣了,他问身旁的一位村民说:"那挑着灯笼的真是一位盲人吗?"

他得到的答案是肯定的。

不一样的成功启示录

苦行僧百思不得其解。一个双目失明的盲人,他根本就没有白天和黑夜的概念,他看不到高山流水,他看不到柳绿桃红的世界万物,他甚至不知道灯光是什么样子的,他挑一盏灯笼岂不令人迷惘和可笑?

那灯笼渐渐近了,晕黄的灯光渐渐从深巷移游到了僧人的芒鞋上。百思不得其解的僧人问:"敢问施主真的是一位盲者吗?"那挑灯笼的盲人告诉他:"是的,自从踏进这个世界,我就一直双眼混沌。"

僧人问:"既然你什么也看不见,那你为何挑一盏灯笼呢?"盲者说:"现在是黑夜吗?我听说在黑夜里没有灯光的映照,那么满世界的人都和我一样是盲人,所以我就点燃了一盏灯笼。"

僧人若有所悟地说:"原来您是为别人照明了?"

但那盲人却说:"不,我是为自己!"

"为你自己?"僧人又愣了。

盲者缓缓向僧人说:"你是否因为夜色漆黑而被其他行人碰撞过?"

僧人说:"是的,就在刚才,还不留心被两个人碰了一下。"

盲人听了,深沉地说:"但我就没有。虽说我是盲人,我什么也看不见,但我挑了这盏灯笼,既为别人照亮了路,也更让别人看到了我自己,这样,他们就不会因为看不见而碰撞我了。"

苦行僧听了,顿有所悟。他仰天长叹说:"我天涯海角奔波着找佛,没有想到佛就在我的身边,原来佛性就像一盏灯,只要我点燃了它,即使我看不见佛,但佛却会看到我的。"

心灵絮语

一些人并不愿意帮助别人,却往往使自己陷入困境而不自知。当你为别人照亮路途的时候,却让自己避免了他们的碰撞。为别人点燃我们自己生命的灯吧,这样,在生命的夜色里你才能寻找到自己的平安与祥和。帮别人就是在帮自己,这是多么深刻的人生哲理!

第八章

逝者如斯，珍惜时间

　　如果时光可以停留，我们就还有机会等候；如果岁月可以回头，我们就可以将生命重奏；然而时光不会为任何事停留；岁月也不会为任何人回头。所以要合理利用时间，不让有限的生命留下太多的遗憾。

不一样的成功启示录

01　合理利用时间，才是珍惜时间

人生启示：

盲目的做事并不是珍惜时间,恰恰是对时间的浪费。

单位里调来了一位新主管,据说是个能人,专门被派来整顿业务,因此大多数的同仁都很兴奋。可是,日子一天天过去,新主管却什么都没有做,每天彬彬有礼地进入办公室,便躲在里面难得出门,那些紧张得要死的坏分子,现在反而更猖獗了。他哪里是个能人,根本就是个老好人,比以前的主管更容易唬。

四个月之后,新主管却发威了,坏分子一律开除,能者则获得提升。下手之快,断事之准,与前四个月中表现保守的他,简直像换了一个人。年终聚餐时,新主管在酒后致辞:相信大家对我新上任后的表现和后来的大刀阔斧,一定感到不解。现在听我说个故事,各位就明白了。

"我有位朋友,买了栋带着大院的房子,他一搬进去,就对院子全面整顿,杂草杂树一律清除,改种自己新买的花卉。某日,原先的房主回访,进门大吃一惊地问,那株名贵的牡丹哪里去了。我这位朋友才发现,他居然把牡丹当草给清除掉了。后来他又买了一栋房子,虽然院子更是杂乱,他却是按兵不动,果然冬天以为是杂树的植物,春天里开了繁花;春天以为是野草的,夏天却是一团锦簇;半年都没有动静的小树,秋天居然红了叶。直到暮秋,他才认清哪些是无用的植物而大力铲除,并使所有珍贵的草木得以保存。"

说到这儿,主管举起杯来,"让我敬在座的每一位!如果这个办公室是个花园,你们就是其间的珍木,珍木不可能一年到头总开花结果,只有经过长期的观察才认得出啊。"

心灵絮语

人们往往只知道应该珍惜时间,所以什么时候都行色匆匆,却常常使自己陷入盲目之中。时间在于合理利用,欲速则不达,匆匆的抉择常会让你与目标背道而驰,只有留下观察与思考的时间,才是真的珍惜时间。

02 说做就做,不留遗憾

人生启示:

想好的事情就要立即去做,别为生命留下遗憾。

不一样的成功启示录

五官科病房里同时住进来两位病人,都是鼻子不舒服。

在等待化验结果期间,甲说:"如果是癌,立即去旅行,并首先去拉萨。"乙也同样如此表示。

结果出来了,甲得的是鼻癌,乙长的是鼻息肉。

甲列了一张告别人生的计划表就离开了医院,乙住了下来。

甲的计划表是:去一趟拉萨和敦煌;从攀枝花坐船一直到长江口;到海南的三亚以椰子树为背景拍一张照片;在哈尔滨过一个冬天;从大连坐船到广西的北海;登上天安门;读完莎士比亚的所有作品;力争听一次瞎子阿炳原版的《二泉映月》;写一本书。凡此种种,共二十七条。

他在这张生命的清单后面这么写道:我的一生有很多梦想,有的实现了,有的由于种种原因没有实现。现在上帝给我的时间不多了,为了不遗憾地离开这个世界,我打算用生命的最后几年去实现还剩下的这 27 个梦。

当年,甲就辞掉了公司的职务,去了拉萨和敦煌。第二年,又以惊人的毅力和韧性通过了成人考试。这期间,他登上过天安门,去了内蒙古大草原,还在一户牧民家里住了一个星期。现在这位朋友正在实现他出一本书的夙愿。

有一天,乙在报上看到甲写的一篇散文,打电话去问甲的病。甲说,我真的无法想像,要不是这场病,我的生命该是多么的糟糕。是它提醒了我,去做自己想做的事,去实现自己想去实现的梦想。现在我才体味到什么是真正的生命和人生。你生活得也挺好吧!"

乙没有回答。因为在医院时说的去拉萨和敦煌的事,早已因患的不是癌症而放到脑后去了。

心灵絮语

生命毕竟是有限的,每过一天就会从你的生命中减去一天,许多人经常在生命即将结束时,才觉得自己还有许多话来不及说,还有很多事没有做。珍惜时间,想做什么就立即去做吧,就算不能够完成,也不会再有遗憾,不要等到一切都无可挽回时才叹息时光的匆匆,才知道岁月的无情。

03 浪费时间,等于浪费生命

人生启示:

时间不会永远是过去的那个样子。

有一个富人,名叫时间。

他拥有无数的各种家禽和牲畜,他的土地无边无际,他的田里什么都种,他的大箱子里塞满了各种宝物,他谷仓里装满了粮食。

他的名声传到了国外,各国商人纷纷赶来,想找机会和他做生意。各国君主也派遣使者来,只是为了要看一看这位富人,回国后就可以对百姓说,这个富人怎么生活,样子是怎样的。

富人常把牛、土地、衣服送给穷人。人们说世界上没有一个人比他更慷慨了,还说,没有看见过时间富人的人就等于没有活过。

又过了很多年,有一个部落准备派出使者去向富人问好。临行前部落的人对使者说:"你们到富人时间居住的国家去,看看他是否像传说中的那么富有,那么慷慨,回来告诉我们。"

不一样的成功启示录

使者们走了好多天,才到达了富人居住的国家。在城郊遇到了一瘦瘦的、衣衫褴褛的老头。使者问:"这里有没有一个时间富人?如果有,请您告诉我们,他住在哪里。"

老人忧郁地回答:"有的。时间就住在这里,你进城去,人们会告诉你的。"

使者进了城,向居民询问,说:"我们来看时间,他的声名也传到了我们部落,我们很想看看这位神奇的人,准备回去后告诉同胞。"

正说着的时候,他们面前走过来一个老乞丐。这时有人说:"他就是时间!就是你们要找的那个人。"

使者看了看又瘦又老、衣衫不整的老乞丐,简直不敢相信自己的眼睛,"难道这个人就是传说中的富人吗?"他们问道。"是的,我就是时间,"老头说,"过去我是最富的人,现在是世界上最穷的人。"

使者点点头说:"是啊,生活常常这样,但我们怎么对我们的同胞说呢?"

老头答道:"你们回到家里,见到同胞,对他们说:'记住,时间已不是过去的那个样子!'"

心灵絮语

不要对自己的生活不满,慷慨的时间已经给你许多;不要再不知道珍惜,再多时间也经不起浪费。时光总是在不经意间悄悄溜走,它永远不会停留,不要认为后边的路还很长久,鬓间的皱纹与白发就是最好的警钟。回首远去的岁月,已浪费了许多光阴;抓紧剩下的时间去做未完成的事吧,不要为已逝的时光叹息,叹息声中时间会再次溜走。

04 适时放慢脚步,欣赏下人生的风景

人生启示:

人是有思想的,不是机器,所以就不能像机器一样只会运转。

从前,有一个人与他的父亲一起耕作一小块地。一年几次,他们会把蔬菜装满那老旧的牛车,运到附近的城市去卖。除姓氏相同,又在同一块田地上工作外,父子二人相似的地方并不多。

老人家认为凡事不必着急,年轻人则个性急躁、野心勃勃。一天清晨,他们套上了牛车,载满了一车的货,开始了漫长的旅程。儿子心

不一样的成功启示录

想他们若走快些,日夜兼程,第二天清早便可到达市场。于是他用棍子不停催赶牛车,要牲口走快些。

"放轻松点,儿子,"老人说,"这样你会活得久一些。"

"可是我们若比别人先到市场,我们更有机会卖个好价钱。"儿子反驳。

父亲不回答,只把帽子拉下来遮住双眼,在座位上睡着了。年轻人甚为不悦,愈发催促牛车走快些,固执地不愿放慢速度,他们在四小时内走了四里路,来到一间小屋前面,父亲醒来,微笑着说:"这是你叔叔的家,我们进去打声招呼。"

"可是我们已经慢了一小时。"着急的儿子说。

"那么再慢几分钟也没关系。我弟弟跟我住得这么近,却很少有机会见面。"父亲慢慢地回答。

儿子生气地等待着,直到两位老人慢慢地聊足了一小时,才再次启程,这次轮到老人驾驭牛车。走到一个岔路口,父亲把牛车赶到右边的路上。

"左边的路近些。"儿子说。

"我晓得,"老人回答,"但这边的路景色好多了。"

"你不在乎时间?"年轻人不耐烦地说。

"噢,我当然在乎,所以我喜欢看美丽的风景,尽情享受每一刻。"

蜿蜒的道路穿过美丽的牧草地、野花,经过一条发出淙淙声的河流——这一切年轻人都没有看到,他心里翻腾不已,心不在焉,焦急至极,他甚至没有注意到当天的日落有多美。

黄昏时分,他们来到一个宽广、多彩的大花园。老人吸进芳香的气味,聆听小河的流水声,把牛车停了下来,"我们在此过夜好了。"老人说。

"这是我最后一次跟你做伴,"儿子生气地说,"你对看日落、闻花香比赚钱更有兴趣!"

"对了,这是你许久以来所说的最好听的话。"父亲微笑着说。

几分钟后,他开始打鼾——儿子则瞪着天上的星星,长夜漫漫,儿子好久都睡不着。天不亮,儿子便摇醒父亲。他们马上动身,大约走了一里,遇到另一位农夫——素未谋面的陌生人——力图把牛车从沟里拉上来。

"我们去帮他一把。"老人低声说。

"你想失去更多时间?"儿子勃然大怒。

"放轻松些,孩子,有一天你也可能掉进沟里。我们要帮助有所需要帮助的人——不要忘记。"

儿子生气地扭头看着一边。等到另一辆牛车回到路上时,几乎已是早晨八点钟了。突然,天上闪出一道强光,接下来似乎是打雷的声音。群山后面的天空变成一片黑暗。

"看来城里在下大雨。"老人说。

"我们若是赶快些,现在大概已把货卖完了。"儿子大发牢骚。

"放轻松些,那样你会活得更久,你会更能享受人生。"仁慈的老人劝告道。

到了下午,他们才走到俯视城市的山上。站在那里,看了好长一段时间,二人不发一言。终于,年轻人把手搭在老人肩膀上说:"爸,我明白你的意思了。"

不一样的成功启示录

心灵絮语

时间固然需要珍惜,但不要把自己赶得太急。人生只像机器一样不停地运转,又会有什么意义？生活不是单纯的赚钱,也不是疯狂的工作,没有必要把每天的生活都安排的紧紧的。只要你不是在浪费时间就可以了,要留下一点空间,放松自己来欣赏一下四周的风景。

05　回忆也是一种珍贵的幸福

人生启示:

平凡也是一种福份,守住自己拥有幸福回忆。

有一个商人在贩卖时会经常走过一条山路,每次他过的时候都一个樵夫在那小路边边唱歌边砍柴。

商人的买卖做的很大,贩卖的数量也越来越大,而且每次都能赚很多钱。樵夫每天都得上山砍柴,整整一天下来,也仅够糊口而已。

然而,商人整天愁眉苦脸,他担心买卖做得不好会亏本,担心自己不在家里,孩子无人照顾,所以他不快乐。樵夫每天歌声不断,笑声朗朗,虽然赚的钱仅够糊口,但他的脸上总是洋溢着幸福的笑容。

这一天,路过的商人又与樵夫相遇,商人停下来在路边休息,而樵夫也累了过来休息,于是他们开始聊天。

"唉!"商人感叹道,"我真有点儿不明白,小伙子,你每天重复地干同样的工作,又挣不到多少钱,怎么那么快乐呢？你是不是有什么幸福的秘诀呢？"

"哈哈!"樵夫笑道,"我心里还纳闷呢,您每次忙忙乎乎,生意做的很大,应该拥有很多财富,不用为下顿吃什么发愁吧,为什么总是皱着眉头呢?"

"唉!"商人说,"虽然我生意做的很大,但每天忙忙碌碌,心力交瘁,身边又没有什么真诚的朋友亲人,大家总是算计来算计去的,要是我生意好大家都笑脸相迎,要是生意做砸了,大家立即退避三舍,生怕影响到他们,你说我能快乐吗?"

"哦,原来如此!"樵夫道,"我虽然每天都得为了生计而辛苦劳作,实际上还是个一无所有,但我却时时感觉到我拥有永恒的幸福,所以我经常满足而快乐。"

"是么?那么你肯定有一个贤惠的妻子,家里的事儿都不用你操心了?"商人问。

"没有,我是个快乐的单身汉。"樵夫道。

"那么,你一定有一个不久就可迎娶进门的漂亮的未婚妻了。"商人肯定地说。

"没有,我也没有漂亮的未婚妻。"

"那么,你一定有一个使自己幸福的秘诀了?"

"假如你要称它幸福秘诀的话,也可以。那是很早以前,一位美丽的姑娘送给我的。"樵夫说。

"哦?"商人惊奇了,"她到底送了你什么,令你如此幸福呢?一件金光闪闪的定情物?一个甜蜜的吻?还是……"

"不是宝贵的定情物,也不是甜蜜的吻,其实这个美丽的姑娘从来没有同我说过一句话,每次与我相遇,她总是匆匆而过。后来,她就要

不一样的成功启示录

去另一个城市生活了。就在她临走之前,上车的时候,她……"樵夫沉浸在自己幸福的回忆之中了。

"她怎么样?"商人急切地想知道答案。

"她向我投来了含情脉脉的一瞥!"樵夫继续道,"这一个永恒的瞬间,对于我来说,已经足够我幸福地回忆一生了。我已经把它珍藏在我的心中,它成了我瞬间的永恒。"

商人看着沉浸在幸福中的樵夫,心想:"幸福的秘诀原来如此简单,就算没有堆积如山的财富,只要内心充满了幸福的回忆,那么生活就会是幸福的。"

有这样一句话:"上帝给了每一个人一杯水,于是,你从里面饮入了生活。"

我们的生活原本只是一杯水,贫乏与富足、权贵与卑微等等,都不过是人根据自己的心态和能力为生活添加的调味剂。什么样的生活才是幸福的生活呢?其实,幸福只是一种心态。你能够把握幸福,珍视每个幸福的瞬间,生活便是幸福无比。你无视幸福的存在,一味追求奢华的物质生活,在物欲中迷失了自己的方向,那么生活便会痛苦不堪。

人生是多么短暂的一瞬,不要刻意追求,平凡也是一种福份,守住自己拥有幸福回忆,让自己快乐些,这就是人生最大的幸福。幸福其实只是那一个个瞬间,试着放慢前行的脚步,珍惜人生的每一个瞬间,我们就是幸福的。

心灵絮语

人生的快乐和幸福,与金钱和地位并不是成正比的。更多的时候,内心的快乐与幸福无关乎金钱,无关乎地位。我们所执着追求的快乐和幸福,只跟一个人对于快乐和幸福的理解有关。即使只是一个瞬间美好的回忆,也会成为我们持久快乐和幸福的理由。幸福其实就在我们身边。抓住幸福瞬间,学会感谢生活,感谢幸福!

06　把握现在所拥有的幸福

人生启示:

把握现在,才是最重要的。

从前,有一座寺庙,每天都有许多人上香拜佛,香火很旺。在寺庙庙前的横梁上有个蜘蛛结了张网,由于每天都受到香火和虔诚的祭拜的熏陶,蛛蛛便有了佛性。经过了一千多年的修炼,蛛蛛佛性增加了不少。

忽然有一天,佛主光临了寺庙,看见这里香火甚旺,十分高兴。离开寺庙的时候,不轻易间地抬头,看见了横梁上的蜘蛛。佛主停下来,问这只蜘蛛:"你我相见总算是有缘,我来问你个问题,看你修炼了这一千多年来,有什么真知灼见。怎么样?"蜘蛛遇见佛主很是高兴,连忙答应了。佛主问到:"世间什么才是最珍贵的?"蜘蛛想了想,回答到:"世间最珍贵的是'得不到'和'已失去'。"佛主点了点头,没有说话,离开了。

不一样的成功启示录

就这样又过了一千年的光景,蜘蛛依旧在寺庙的横梁上修炼,它的佛性与日俱增。一日,佛主又来到寺前,对蜘蛛说道:"你可还好,一千年前的那个问题,你可有什么更深的认识吗?"蜘蛛说:"我觉得世间最珍贵的是'得不到'和'已失去'。"佛主说:"你再好好想想,我会再来找你的。"

又过了一千年,有一天,刮起了大风,风将一滴甘露吹到了蜘蛛网上。蜘蛛望着甘露,见它晶莹透亮,很漂亮,顿生喜爱之意。蜘蛛每天看着甘露很开心,它觉得这是三千年来最开心的几天。突然,又刮起了一阵大风,将甘露吹走了。蜘蛛一下子觉得失去了什么,感到很寂寞和难过。这时佛主又来了,问蜘蛛:"蜘蛛这一千年,你可好好想过这个问题:世间什么才是最珍贵的?"蜘蛛想到了甘露,对佛主说:"世间最珍贵的是'得不到'和'已失去'。"佛主说:"好,既然你有这样的认识,我让你到人间走一遭吧。"

就这样,蜘蛛投胎到了一个官宦家庭,成了一个富家小姐,父母为她取了个名字叫蛛儿。一晃,蛛儿到了十六岁了,已经成了个婀娜多姿的少女,长的面容清秀,楚楚动人。

这一日,新科状元郎甘鹿中第,皇帝在后花园为他举行庆功宴。来了许多妙龄少女,包括蛛儿,还有皇帝的小公主长风公主。状元郎在席间表演诗词歌赋,大献才艺,在场的少女无一不被他的风采折倒。但蛛儿一点儿也不紧张,因为她知道,这一定是佛主赐予她的姻缘。

过了些日子,蛛儿陪同母亲上香拜佛的时候,正好甘鹿也陪同母亲而来。上完香拜过佛,二位长者在一边说话。蛛儿和甘鹿便来到走廊上聊天,蛛儿很开心,终于可以和喜欢的人在一起了,但是甘鹿并没有表现出对她的喜爱。蛛儿对甘鹿说:"你难道不曾记得十六年前,寺庙的蜘蛛网上的事情了吗?"甘鹿很诧异,说:"蛛儿姑娘,你漂亮,也很讨人喜欢,但你脑子没问题吧。"说罢,便转身和母亲离开了。

蛛儿回到家,心想,佛主既然安排了这场姻缘,为何不让他记得那件事,甘鹿为何对我没有一点的感觉?

几天后,皇帝下召,命新科状元甘鹿和长风公主完婚;蛛儿和太子芝草完婚。这一消息对蛛儿如同晴天霹雳,她怎么也想不到,佛主竟然这样对她。几日来,她不吃不喝,灵魂就将出壳,生命危在旦夕。太子芝草知道了,急忙赶来,扑倒在床边,对奄奄一息的蛛儿说道:"那日,在后花园众姑娘中,我对你一见钟情,我苦求父皇,他才答应。如果你死了,那么我也就不活了。"说着就拿起了宝剑要自刎。

就在这时,佛主来了,他对快要出壳的蛛儿灵魂说:"蜘蛛,你可曾想过,甘露(甘鹿)是由谁带到你这里来的呢?是风(长风公主)带来的,最后也是风将它带走的。甘鹿是属于长风公主的,他对于你来说不过是生命中的一段插曲。而太子芝草是当年寺庙门前的一棵小草,他看了你三千年,爱慕了你三千年,但你却从没有低下头看过它。蜘蛛,我再来问你,世间什么才是最珍贵的?"蜘蛛听了这些真相之后,才一下子大彻大悟了,她对佛主说:"世间最珍贵的不是'得不到'和'已失去',而是现在能把握的幸福。"刚说完,佛主离开了。蛛儿的灵魂也回到了身体里,她睁开眼睛,看到正要自刎的太子芝草,她马上打落宝剑,和太子紧紧地抱在一起。

追逐中别忘了停下脚步,欣赏一下现在所拥有的。我们要保持平和的心态,把握现在拥有的幸福,将现在的幸福实实在在地抓在我们

不一样的成功启示录

的手中。俗话说:隔手的金子不如到手的铜。现在的一切就是上苍的恩赐给我们的幸福,不要抱怨命运不公。以一颗感恩的心,认认真真地过好每一天,幸福感一定会更强烈一些。不要等到失去了才倍感痛惜。如果,我们只是一味对现状不满足,而是在悔恨"已失去"中,或者强烈的不平衡,老是想到那些"未得到"的,我们还会感到快乐吗?那是自己折磨自己。或许有一天,我们拥有的又失去了,我们将不快乐,又陷入新一轮的苦恼之中。

心灵絮语

　　幸福是一个异常质感抽象又令人向往的词语。人生在世没有人不希望自己是无忧无虑幸福美满的。于是,幸福成为我们每个人所追求的目标。对于幸福每个人有每个人的理解,不同的思想家、哲学家也有不同阐述。其实,幸福更多的还是在于自己的发现和把握。幸福就是一种感觉,一种人生的境界,关键就在于发现和把握。

07 把握今天，才能创造美好的明天

人生启示：

最值得高度珍惜的莫过于每一天的价值。

美国著名的成功学大师斯宾塞·约翰逊在他的作品《礼物》中曾经讲述过一个意味深长的故事。一个年轻人从一位睿智的老人那里听说有一份神秘的礼物，据说那是每个人能得到的最好的礼物——拥有它就会变得更快乐、更成功，但只能靠自己去找到它。年轻人用尽方法，四处探寻，但礼物始终没有出现。直到有一天，他突然领悟了"礼物"的寓意，礼物就在我们的身边——学会把握此刻，就能过上更加成功、更加幸福的生活。

我们每一个人的面前都会有三个选项：一个是杂乱无章的昨天，一个是五光十色、缤纷灿烂的明天，还有一个是如白纸般单调的今天。在人生的答卷上我们要选择哪一个选项呢呢？诚然昨天已经过去，而明天尚未到来，最应该选择的其实正是今天和现在。时间对每一个人都是公平的，不会因人而异，然而在同样的时间里，有人一步一步走向成功，有人却仍然停在原地，其中的区别就在于怎样对待今天。

把握今天就意味着对昨天的完善或修改；把握今天，才会拥有美好的明天。无论我们的昨天成功了也好，失败了也罢，都已经不重要了，因为昨天已经过去。无论我们把明天描绘得多么美好，如果丧失了今天，再美好的明天也只会化为泡影。

不一样的成功启示录

在美国华尔街的股票市场交易所,依文斯工业公司是一家保持了长久生命力的公司,可公司的创始人爱德华·依文斯曾经却因为绝望而差点死去。

依文斯生长在一个贫苦的家庭里,最先靠卖报来赚钱,然后在一家杂货店当店员。

八年之后,他才鼓起勇气开始自己的事业。然后,厄运降临了——他替一个朋友背负了一张面额很大的支票,而那个朋友破产了。祸不单行。不久,那家存着他全部财产的大银行破产了,他不但损失了所有的钱,还负债近两万美元。

他经受不住这样的打击,他绝望极了,与此同时又开始生起奇怪的病来:有一天,他走在路上,昏倒在路边,以后就再也不能走路了。最后医生告诉他,他只有两个星期的生命期限了。

想着只能活十几天了,他突然感觉到了生命是那么的宝贵。于是,他放松了下来,决定好好把握着自己的这十几天。

然而奇迹出现了。两个星期后依文斯并没有死,六个星期以后,他又能回去工作了。经过这场生死的考验,他明白了患得患失是无济于事的,对一个人来说最重要的就是要把握住现在。他以前一年曾赚过两万美元,可是现在能找到一个礼拜三十美元的工作,就已经很高兴了。正是有这种心态,依文斯的进步非常快。

不到几年,他已是依文斯工业公司的董事长了。正是因为学会了把握住今天的道理,依文斯取得了人生的胜利。

在古罗马城,有一尊"双面神"。有一位哲学家问:"你为什么有一个头两副面孔呢?"双面神回答:"因为这样才能一面查看'过去',

以吸取教训,一面展望'未来',以给人憧憬。"哲学家又问:"可是你为什么不重视最有意义的'今天'呢?"听到哲学家的问题,"双面神"陷入了茫然。

过去的已经过去,我们无法把握;未来是现在的延续,我们无法预知。我们为什么不珍惜现在所拥有的,好好地把握住今天和现在呢?

没有人不希望自己变得更成功、更快乐,那么,就让我们把握今天,把握现在,把握在我们手中的每一分每一秒,不放过我们身边的每一次机会。把握了今天,身边的机会才不会白白溜走,这样我们生命中的每一天都会变得充实、快乐。

歌德说过:"最值得高度珍惜的莫过于每一天的价值。"这句话告诉我们要时时刻刻地把握住今天和现在。把握住了今天,就是把握住了获取知识的机会。时间就是财富,时间就是生命的价值。只有珍惜时间,把握住现在和今天,才能创造美好的明天,才能获得事业的成功。

心灵絮语

我们的一生是不断创造,不断追求的过程。有许多人喜欢沉溺于过去的辉煌或失败里,他们抱怨自己没有遇到好的机会,最后在抱怨声中蹉跎岁月,永远地失败下去,失去了现在和未来。而世上还有许多人把自己的美好愿望寄托到明天,希望明天过得更好,但是如果不把握今天和现在,不通过现在努力奋斗,那么明天的美好生活从何而来呢?美好的理想岂不成了空想?

时间真是个神奇的东西。它能使万物生老病死,喜怒哀乐,成功

不一样的成功启示录

失败。万事万物从诞生起它就拥有了时间,时间同时也开始消逝。时间终究是有限的,谁的时间都会在生命结束的那一刻停止。我们能做的就是把握住今天。

- -

第九章
细节决定成败

人们常常习惯于把眼睛盯在大事上,往往忽略小事,而事实上大事每个人都会刻意注意,偏偏容易忽略小事。一些细节更是往往被忽视。有一句话说得好——细节决定成败。在细节中发现机会,会助你走向成功。

不一样的成功启示录

01 小细节，可以成就大未来

人生启示：

不要忽略生活中的小事，小细节往往成就大未来。

故事一：

在一家合资公司招聘会上，一个相貌平平的女孩前来应聘。外方的经理看了她的材料后，没有表情地拒绝了，因为她只有中专学历。

女孩有些失望地收回自己的材料，站起来准备走。就在这一瞬间，她觉得自己的手被扎了一下，看了看手掌，上面沁出一颗血珠。原来是桌子上一个钉子露出在外面，在她按着桌子站起来时，手恰恰按了那个露出的钉尖上。

她见桌子上有一块镇纸石，便拿过来用劲把小钉子压了下去。然后，对面试的考官微微一笑，说声"再见"转身离去了。几分钟后，公司经理派人在楼下追上了她，她被破格录用，成了这家公司唯一一个仅有中专学历的员工。

故事二：

一位先生要聘一名秘书到他的办公室做事，招聘时，这位先生挑中了一个女孩。

"我想知道，"他的一位朋友问道，"你为何喜欢那个女孩，她既没带一封介绍信，也没任何人的推荐。"

"你错了。"这位先生说，"她带来了许多介绍信。她在门口蹭掉脚上的土,进门后关上了门,说明她做事小心仔细。当看到那位残疾老人时,她立即起身让座,表明她心地善良,体贴别人。进了办公室她先脱去帽子,我提出的问题,她回答得干脆果断,证明她既懂礼貌又有教养。其他所有人都从我故意放在地板上的那本书边走过,而这个女孩却俯身拣起那本书,并放在桌上。当我和她交谈时,我发现她衣着整洁,头发梳得整整齐齐,指甲修得干干净净。难道你不认为这些小节是极好的介绍信吗?"

心灵絮语

人生的大事是与许多小事息息相关的,而大事容易注意,小事却往往被忽略。一些看似平凡的小事,往往能反映一个人的习惯,折射出一个人的品质和敬业精神。不要忽略了生活的细节,它不仅能够改变自己,还会为你创造好的机遇,成就你的一生。

02　习惯决定命运

人生启示:

不合时宜的习惯,有时会毁掉唾手可得的幸福。

有一个关于军官恋爱的笑话:

有个经历过很多战争并得过很多勋章的上尉退伍了。刚回到家乡,他的朋友就给他介绍了一个女友。在他约会之前,朋友给了他一些忠告:"你在战场上或许很行,但在爱情上有些事你要听我的。

不一样的成功启示录

第一,你下车后要替你女朋友开车门;

第二,你女朋友要入座时,你应在她椅子后帮她拉椅子;

第三,她说话时你要温柔地看着她;

第四,她需要什么东西你一定要抢先做好,不要让她动手。

如果这些都能做到,那你就十之八九能够得到她的芳心。"

第二天,朋友打电话问他昨晚如何,他沮丧地说:"完了,我没有希望了!"

于是朋友问他:"你是不是忘了替她开车门?"

他说:"不,我替她开了车门,她很高兴!"

朋友又问:"你是不是忘了帮她入座?"

他说:"不,我帮她入座时,她说我是绅士!"

于是朋友又问:"你是不是在她说话的时候东张西望?"

他说:"不,我一直看着她,她说我很温柔,而且称赞我的眼睛很有魅力!"

最后朋友问:"那你是不是在某事上让她自己动手了?"

他沮丧地说:"如果真是这样就好了。我们回家时,她说口渴,于是我就跑去替她买饮料。"

朋友说:"那很好呀!"

他又说:"可是出于多年的习惯,我一拉开饮料罐,就向她砸了过去,自己躲到了墙壁后面……"

心灵絮语

习惯会束缚人的心灵,让人生活在固定的框框里,尤其有一些习惯放在那里是好习惯,而到了这里是坏习惯,这样的习惯是最难把握的。只有注意生活的细节,打破那些不合时宜的习惯枷锁,才能拥抱美好的生活。

03　注重细节,才能立于不败之地

人生启示:

任何工作都是由一个个细节组成的,许多看起来不重要的细节最终却破坏了大局。

里奇蒙德伯爵亨利带领的军队正迎面扑来,这场战斗将决定谁统治英国。

战斗进行的当天早上,查理派了一个马夫去备好自己最喜欢的战马。

"快点给它钉掌,"马夫对铁匠说,"国王希望骑着它打头阵。"

"你得等等,"铁匠回答,"我前几天给国王全军的马都钉了掌,现在我得找点儿铁片来。"

"我等不及了。"马夫不耐烦地叫道,"国王的敌人正在推进,我们必须在战场上迎击敌兵,有什么你就用什么吧。"

铁匠埋头干活,从一根铁条上弄下四个马掌,把它们砸平、整形,固定在马蹄上,然后开始钉钉子。钉了三个掌后,他发现没有钉子来钉第四个掌了。

"我需要一两个钉子,"他说,"得需要点儿时间砸出两个。"

不一样的成功启示录

"我告诉过你我等不及了,"马夫急切地说,"我听见军号了,你能不能凑合?"

"我能把马掌钉上,但是不能像其他几个那么牢实。"

"能不能挂住?"马夫问。

"应该能,"铁匠回答,"但我没把握。"

"好吧,就这样,"马夫叫道,"快点,要不然国王会怪罪到咱们俩头上的。"

两军交上了锋,查理国王冲锋陷阵,鞭策士兵迎战敌人。"冲啊,冲啊!"他喊着,率领部队冲向敌阵。远远地,他看见战场另一边几个自己的士兵退却了。如果别人看见他们这样,也会后退的,所以查理策马扬鞭冲向那个缺口,召唤士兵调头战斗。

他还没走到一半,一只马掌掉了,战马跌翻在地,查理也被掀在地上。

国王还没有再抓住缰绳,惊恐的畜牲就跳起来逃走了。查理环顾四周,他的士兵们纷纷转身撤退,敌人的军队包围了上来。

他在空中挥舞宝剑,"马!"他喊道,"一匹马,我的国家倾覆就因为这一匹马。"

他没有马骑了,他的军队已经分崩离析,士兵们自顾不暇。不一会儿,敌军俘获了查理,战斗结束了。

从那时起,人们就说:

少了一个铁钉,丢了一只马掌,

少了一只马掌,丢了一匹战马。

少了一匹战马,败了一场战役,

第九章 细节决定成败

败了一场战役,失了一个国家,
所有的损失都是因为少了一个马掌钉。

心灵絮语

许多事情看起来是微不足道的小事,而且还是一些与所有的大事无关的,但这小事会带来一系列的连锁反应,最终导致失败的结果。牢记古训:"千里之堤,毁于蚁穴",凡事都要注重细微的地方,不要让小事破坏了大局。

04　不积小流无以成江海

人生启示:

希望成就一番大事业的人千万不要忽视了那些不起眼的小事情。

曾经有一对拾破烂维生的孪生兄弟,他俩盼星星盼月亮,就盼哪天能够发大财。上帝亦因他俩的每一个梦都与发财有关而大受感动。

一天,兄弟俩照旧沿街一边一人从家里出发,一路同向而去。可

不一样的成功启示录

一条偌大的街道仿佛被上帝来了一次大扫除,连平日里最微小的破破烂烂都不见了踪影,唯一剩下的就是稀稀拉拉东一个西一个冷冰冰地躺在地上的小铁钉。

三两个小铁钉能值几个钱?老二不屑一顾,但老大不嫌弃,弯腰一一拾了起来。及至街尾,老大已经捡到了一盆铁钉。瞧瞧老大,老二若有所悟。老二羡慕得欲回头去捡,可是,来时路上的小铁钉,一个都没有了。

忽然,兄弟俩几乎同时发现街尾新开了一家收购店,门口赫然挂出一牌,云:本店急收×寸长的旧铁钉,一元一枚。

老二后悔得捶胸顿足,老大将小铁钉换回了一笔钱。

须发飘雪的店主走近呆立在街上的老二,问:"孩子,同一条道上,难道你就一个铁钉也没看到?"

老二很沮丧:"上帝啊,我当然看到了。可那小铁钉并不起眼,我更没想到它竟然这么值钱,待我知道它很有用时,这不,那可恶的家伙却全部消失了。"

"孩子,上帝时刻在你们身边。小小铁钉,看似一文不值,可关键时刻,它价值连城啊!不善积累的孩子,不是上帝不给你机会。"话刚说完,须发老者风一样地飘去了。

心灵絮语

古语云:"不积跬步无以至千里,不积小流无以成江海,合抱之木,生于毫木,千里之台,起于垒土。"饭要一口一口地吃,事要一点一点地做,想成就一番大事业的人同时也千万不要忽视了那些不起眼的小事情,也许那就是你打开成功大门的关键所在。

05 小不忍则乱大谋

人生启示:

以大局为重,不要让小事左右自己的情绪。

在一场举世瞩目的赛事中,台球世界冠军已走到卫冕的门口。他只要把最后那个8号黑球打进球门,凯歌就奏响了。

就在这时,不知从什么地方飞来一只蚊子。蚊子第一次落在握杆的手臂上。有些痒,冠军停下来。蚊子飞走了,又飞回来,这回竟落在了冠军锁着的眉头上。冠军不情愿地只好又停下来,烦躁地去打那只蚊子。蚊子又轻捷地脱逃了。冠军做了一番深呼吸再次准备击球。天啊!他发现那只蚊子又回来了,像个幽灵似的落在了8号黑球上。冠军怒不可遏,拿起球杆对着蚊子捅去。蚊子受到惊吓飞走了,可球杆触动了黑球,黑球当然也没有进洞。

按照比赛规则,该轮到对手击球了。对手抓住机会死里逃生,一口气把自己该打的球全打进了。冠军卫冕失败了,而失败仅仅因为一只蚊子,实在令人痛惜。更可惜的是他后来患了重病,再也没有机会走上赛场,最后带着遗憾离开人世。冠军恨死了那只蚊子,临终时他还对那只蚊子耿耿于怀。然而,如果他不是被这件小事扰乱了情绪,又何至于抱憾终生呢?

不一样的成功启示录

心灵絮语

人们常说不做情绪的奴隶,实际情绪是由事情反映在自己身上的。做人一定要分得清轻重,不要让小事左右了自己的情绪以致影响大局。需要注意的是:小事不是绝对的,只要相对于大局来说它是小事,就要把它当作小事处理,以免因小失大。

第十章

诚信,成功的名片

诚是诚实、真诚,信是信任、守信。人无信不立,诚信需要一步步的积累,要经得起时间的考验。多一份诚信,就多一份美好;多一份诚信,多一份和谐;多一份诚信,多一份阳光。

不一样的成功启示录

01　诚实，成功的敲门砖

人生启示：

只有种下诚实的种子才能开出美丽的花朵。

公元前250年左右，有位埃及王子即将登基，不过根据当时埃及律法，登基前必须先结婚。未来的王后要母仪天下，因此，必须要能让王子全然信任才行，所以王子听从智者的建议，召见当地所有年轻女子，打算从中挑选最合适的人选。

一位在宫廷服务多年的女婢听到消息，感到非常难过，因为她的女儿对王子起了好感。她回家后告诉女儿，知道女儿想去一试，心里非常恐惧。

"女儿啊，你去了又有什么用？全城最有钱、最漂亮的小姐，全部都会去。我知道你一定很痛苦，不过还是理智一点好。"

女儿回答："妈妈，我神智很清楚，我知道不会有幸中选，不过趁这个机会，至少能接近王子一下，这样我就心满意足了。"

当天晚上，女儿抵达皇宫时，现场的确佳丽云集，华服与珠宝令人目不暇接，她们都准备好要把握良机。王子宣布要进行一场竞赛，发给每人一颗种子，六个月后，能种出最美丽花朵的人，就能成为未来的王妃。

女儿把王子给她的种子种在花盆里。由于她对园艺并不在行，所以费了很多心思准备泥土。她相信，如果花朵能长得和她的爱一样大,就不用担心结果如何。

然而三个月之后,花盆里连根芽都没有长出来。她百般尝试,也请教过花匠,学过各种各样的种植方法,却是一无所获。尽管她对王子的爱依然真挚,但觉得美梦离她越来越远。

六个月过去了,她的花盆里什么也没有长出来。尽管如此她还是告诉母亲,要依约回到皇宫。她心里知道,这是最后一次和心爱的人见面了,再怎么样也不能错过这个机会。

众佳丽回来晋见王子的那天,女孩端着什么植物也没有的花盆进入皇宫。她看到其他人的花都长得枝繁叶茂、争奇斗艳,花形和颜色都有天南地北之别。

最后一刻终于到了。王子进入宫殿,仔细看了大家培育出来的花朵。看完之后,他有了中意的人选,宣布将迎娶这位婢女的女儿为妻。其他的小姐对此表示愤愤不平,因为选中的人,根本什么都没有培植出来。

王子心平气和地解释这次比赛的结果:"这位小姐种出了唯一得以母仪天下的花朵,那就是诚实的花朵。因为我发下去的种子,全部都是煮过的,再好的园艺师也培育不出一株真的花朵。"

心灵絮语

每个人都知道诚实的可贵,然而在面对利害冲突时,你是否还能做一个诚实的人?谎言可以美丽一时却不能美丽一世!诚实做人是一切行为的基础,是成功的敲门砖。

02 诚信，比金钱更重要

人生启示：

诚信是人与人之间最牢固的纽带。

有位女士逛一家百货公司，在进口处有两只鞋子，旁边的牌子上写道："超级特价，只付一折即可穿回"。她拿起鞋子一看，原价70美元的红色高跟鞋只要7美元，这简直让人难以置信。她试了试觉得皮软质轻，实在是完美无瑕，她真是乐不可支。

她把鞋捧在胸前，然后赶快招呼服务小姐，服务小姐笑眯眯地走过来，"您好！您喜欢这双鞋？正好配您的红外套！"她伸出手说，"能不能再让我看一下。"她把鞋交给服务小姐，不禁担心地问："有什么问题吗？价钱不对吗？"

那位服务小姐赶紧安慰说："不！不！别担心，我只是要确认一下是不是那两只鞋。嗯，确实是！"

"什么叫两只鞋，明明是一双啊！"她迷惑不解地问。

那位诚实的小姐说："既然您这么中意，而且打算买了，我一定要把实情告诉您。"服务小姐开始解释："非常抱歉！我必须让您明白，它真的不是一双鞋，而是相同皮质，尺寸一样，款式也相同的两只鞋，虽然颜色几乎一样，但还有一点色差，我们也不知道是否以前卖错了，或是顾客弄错了，剩下的左、右两只正好凑成一双，我们不能欺骗顾客，免得您回去以后，发现真相而后悔，责怪我们欺骗您，如果您现在知道了而放弃,您可以再选别的鞋子!"

这真挚的一番话,哪有不让人心软的!何况,穿鞋走路,又不是让人蹲下仔细对比两边色泽。她心里愈想愈得意,除下定决心买那"两只"外,还又买了两双鞋。

时过几年,那双鞋仍是她的最爱。当朋友夸赞那双鞋时,她总是不厌其烦地诉说那个动人的故事。唯一的后遗症是每次她到那家公司时,总要抽空到那家百货公司捧回几双鞋。

心灵絮语

你的诚信或许会让你失去些什么,但那只是暂时的,换来的却是比金钱重要的信任。不要为自己的诚信后悔,最终它会为你赢得更多的意想不到的收获。

03 诚信,改变命运的良方

人生启示:

任何人都会为真诚守信所感动。

曾经有一个勇敢的年轻人。他做了一些触犯暴君奥尼修斯的事。他被投进了监狱,即将被处死。年轻人对奥尼修斯说:

"我只有一个请求,让我回家乡一趟,向我的亲人告别,然后我一定回来伏法。"

暴君听完,笑了起来。

不一样的成功启示录

"我怎么能知道你会遵守诺言呢?"他说:"你只是想骗我,想逃命。"

这时,另一个年轻人说:"噢,国王!把我关进监狱,代替我的朋友,让他回家乡看看,料理一下事情,向朋友们告别。我知道他一定会回来的,因为他是一个从不失信的人。假如他在你规定的那天没有回来,我情愿替他死。"

暴君很惊讶,居然有人这样自告奋勇。于是他就同意让年轻人回家,并下令把他的朋友关进监牢。

光阴流逝。不久,处决的日期临近了,年轻人却还没有回来。暴君命令狱吏严密看守他的朋友,别让他逃掉。可是那个人并没有打算逃跑。他始终相信他的朋友是诚实而守信用的。他说:

"如果我的朋友不准时回来,那也不是他的错。那一定是因为他身不由己,受了阻碍不能回来。"

这一天终于到了。年轻人的朋友做好了赴死的准备。但他对朋友的信赖依然坚定不移。他说,替值得自己信任的朋友去死,他不悲伤。狱吏前来带他去刑场。就在这时,年轻人出现在门口。暴风雨和船只遇难使他耽搁。他一直担心自己来得太晚。他亲热地向朋友致意,然后回到狱中。他很高兴,因为他终于准时回来了。

暴君奥尼修斯看到了人与人之间的美德,也为他们的真诚与守信所感动。他认为,像年轻人和他的朋友这样互相热爱、互相信赖的人可以免除惩罚。于是,就把他俩释放了。

第十章 诚信,成功的名片

心灵絮语

诚信是一种美德,他可以让你获得真的朋友。在关键的时刻,朋友会挺身而出帮助你,别人也会为你而感动,甚至因此而改变你的命运。

04 真诚,快乐的根源

人生启示:

付出就有回报,真诚的付出能让你收获快乐

他站在一座高高的吊桥上,桥下是湍急的河水。他点上最后一根烟——因为他就要离开这个世界了。

他曾经是一个富翁,如今却一条生路也没了。他做过各种尝试,例如,曾经纵情于感官的享受,四处游荡,寻找刺激,酗酒和吸毒。而现在他又遭到最后的致命打击——婚姻失败。没有一个女人能忍受他一个月的,因为他要求太多,而从不付出。河水是他最好的归宿了。

这时一个衣衫褴褛的人走过他身旁,看到他站在黑暗中说:"给我一毛钱吧,先生。"

他在阴影中笑了起来,一毛钱?现在一毛钱能做什么?"没问题,我这有一毛,老兄,我的钱还不少哩,"他掏出皮夹子,"在这,拿去吧。"皮夹里大概有一百块钱,他把钱都拿出来,塞给那个流浪汉。

"这是干什么?"流浪汉问。

"没什么,因为我去的地方,用不着这个了。"他往下瞥了一眼

153

不一样的成功启示录

河水。

流浪汉拿着钞票,站在那里不知所措了一会儿,然后对他说:"不行,先生,你不能那么做。我虽然是个乞丐,但可不是懦夫,我也不拿你的钱。带着你的脏钱去吧!一起跳河吧!"他把钞票丢过栏杆,钞票一张张随风飘动,纷纷四散,慢慢地落进了黑漆漆的河水中。"再见,懦夫。"流浪汉掉头就走了。

想自我了断的富翁这时如梦初醒,他突然希望那个流浪汉能得到那些丢掉的钱,他希望付出——可是却办不到!付出!对了,就是这个!他以前从来没有试过这个,付出!就能快乐……

他向河水看了最后一眼,然后离开那座桥头,去赶上前面的那个流浪汉……

心灵絮语

做人要懂得付出。心底无私天地宽,一个心里只有自己的人只会把路走的越来越窄,直至陷入绝境。对人真诚的人才会生活得有意义;真诚的付出爱心的人才能拥有快乐的天空。

05 赠人玫瑰,手留余香

人生启示:
真诚的帮助别人会得到意外的收获。
一天,拿破仑皇帝在他的勤务兵迪罗克陪同下,来到了一家酒店。

第十章 诚信,成功的名片

他们两人想要隐藏身份,所以穿得很普通。

吃完饭,胖胖的酒店老板送来一张 14 法郎的账单。迪罗克摸了摸他的钱包,脸色突然发白:钱包是空的。

拿破仑自负地笑道:"不用担心,我来付。"但可惜的是他也一分钱都没有。

怎么办? 勤务兵向老板提出一个建议:

"我们忘记带钱了,我一小时后再回来把账全部付清。"

可是那老板不同意,威胁他们,如果不立刻付钱就叫宪兵来。

一个跑堂见到了整个事情的经过,他同情这两位先生,就对老板说:

"大家都可能遇到没有带钱的时候,别叫宪兵了,我先垫 14 法郎,我看那两位先生蛮老实的。"就这样,他们离开了酒店。

不久,勤务兵回来,问那个老板:"你买这个酒店花了多少钱?"

"五万法郎。"这人回答。

迪罗克打开他的钱包,拿出五万法郎扔在桌上,随后说:"我奉我

155

不一样的成功启示录

的主人——皇帝的命令,把这酒店送给为我们垫钱的那个跑堂的,因为他在困难的时候帮助了我们。"

心灵絮语

真诚付出,不求回报;真诚付出,必有回报。在你帮助别人的同时,常常就是帮助了自己。在与人相处时,我们要少一点儿势力,要多一份真诚,多一份爱心。

06 真诚,让战争停火

人生启示:

真诚的爱心有一种无可抗拒的魔力。

这是第一次世界大战中的真实故事:

那是在1917年圣诞节前数周,欧洲原本美丽的冬日风景因战争而蒙上阴影。

一方是美军,另一方则是德军。双方士兵各自伏在自己战壕内,战场上的枪炮声不断响起。在两军之间是一条狭长的无人地带。一位受了伤的年轻德国士兵试图爬过那无人地带。结果被带钩的铁丝缠住,发出痛苦的哀号,不住地呜咽着。

在枪炮声间隙之间,附近的美军都听到他痛苦的尖叫。一位美军士兵再也无法忍受了,他爬出战壕,匍匐着向那德国士兵爬过去。其余的美军士兵明白了他的意图后,便停止了射击,但德军仍炮火不辍,

第十章 诚信，成功的名片

直到德国一位军官明白过来,才命令停火。无人地带顿时出现了一阵空前的沉寂。那美国士兵爬到年轻的德国士兵身边,帮他摆脱了铁钩的纠缠,扶起他向德军的战壕走去。

当美国士兵把那德国士兵交给迎接的人转身准备离去时,突然,一只手搭上了他的肩膀。他回过头来,原来是一位德军军官,他佩戴着铁十字荣誉勋章——德国最高勇气标志,他从自己制服上扯下勋章,别在美军士兵胸前,让他走回美军的阵营。

当美国士兵安全抵达己方战壕时,双方又恢复了那毫无道理的战事。

心灵絮语

当一切都是那么无理的时候,当生命悬于一线之际,那一份生命边缘的真诚却撼动了所有人的心。献出你真诚的爱心吧!战场上你死我活的较量都会为真诚暂停,生活中又有什么能不为真诚感动?

不一样的成功启示录

07 爱，改变世界

人生启示：

用自己的爱心的力量去影响别人，世界就会和谐。

1921年，路易斯·劳斯出任星星监狱的监狱长，那是当时最难管理的监狱。可是二十年后劳斯退休时，该监狱却成为一所提倡人道主义的机构。研究报告将功劳归于劳斯，当他被问及该监狱改观的原因时，他说："这都由于我已去世的妻子——凯瑟琳，她就埋葬在监狱外面。"

凯瑟琳是三个孩子的母亲。当年，劳斯刚成为监狱长时，每个人都警告她千万不可踏进监狱，但这些话拦不住凯瑟琳！第一次举办监狱篮球赛时，她带着三个可爱的孩子走进体育馆，与服刑人员坐在一起。她的态度是："我要与丈夫一道关照这些人，我相信他们也会关照我，我不必担心什么！"

一名被定有谋杀罪的犯人瞎了双眼，凯瑟琳知道后便前去看望。她握住他的手问："你学过点字阅读法吗？"

"什么是'点字阅读法'？"他问。

于是她教他阅读。多年以后，这人每逢想起她的爱心还会流泪。

凯瑟琳在狱中遇到一个聋哑人，结果她自己到学校去学习手语。许多人说她是耶稣基督的化身。在1921年至1937年之间，她经常造访星星监狱。

● 第十章 诚信,成功的名片

后来,她在一桩交通意外事故中逝世。第二天,劳斯没有上班,代理监狱长替代他的工作。消息似乎立刻传遍了监狱,大家都知道出事了。接下来的一天,她的遗体被放在棺材里运回家,她家距离监狱四分之三千米。

代监狱长早晨散步时惊愕地发现,一大群最凶悍、看来最冷酷的囚犯,竟齐集在监狱大门口。

他走近去看,见有些人脸上竟带着悲哀和难过的眼泪。他知道这些人全爱凯瑟琳,于是转身对他们说:"好了,各位,你们可以去,只要今晚记得回来报到!"然后他打开监狱大门,让一大队囚犯走出去,在没有守卫的情形之下,走4千米路去看凯瑟琳最后一面。

结果,当晚所有服刑人员都无一例外回来报到。感化于凯瑟琳的爱心,感谢代监狱长的信任,为世界增添了这感人的一幕。

心灵絮语

也许你只是一个个体,一个平凡的人,但不要忽视自己对周围人

不一样的成功启示录

的影响力,你的爱心和真诚的关怀,一定会给这个世界带来祥和。即使仅是一点点的亮光,也能给冰封的心带来温暖,给黑暗中的灵魂带来光明。

----

08 态度不同,人生不同

人生启示:

自己的生活自己掌握,别让现实将你打败。

故事一:有个生活比较潦倒的推销员,每天都埋怨自己"怀才不遇",认为命运在捉弄自己。

新年的前夕,家家户户张灯结彩,充满过节的热闹气氛。他坐在公园里的一张椅子上,开始回顾往事。去年的今天,他也是孤单一人,以醉酒度过他的新年,没有新衣,也没有新鞋子,更甭谈新车子、新房子。

"唉!今年我又要穿着这双旧鞋子度过新年了!"说着准备脱掉这旧鞋子。这个时候,他突然看见一个年轻人自己滑着轮椅从他身边走过。他想:我有鞋子穿是多么幸福!他连穿鞋子的机会都没有啊!

之后,这位推销员每做任何一件事都心平气和,珍惜机会,发愤图强,力争上游。数年以后,生活在他面前终于彻底改变了,他最终成了一名百万富翁。

故事二:

有一对孪生兄弟,弟弟是城市里最顶尖的会计师,哥哥是监狱里

第十章 诚信，成功的名片

的囚徒。

一天，记者去采访当囚徒的哥哥，问他失足的原因是什么？哥哥说："我家住在贫民区，爸爸既赌博，又酗酒，不务正业；妈妈有精神病。没有人管我，我吃不饱，穿不暖，所以去偷去抢……"

第二天，记者又去采访当会计的弟弟，问他成为这么棒的会计师的秘诀是什么？弟弟说："我家住在贫民区，爸爸既赌博，又酗酒，不务正业；妈妈有精神病，我不努力，能行吗？"

心灵絮语

由于思想不同，同样环境下不同的人，结果也不尽相同。有一首老歌中唱道："天上下着蒙蒙雨，人家做车我骑驴，回头看看还有步行地呀，比上不足比下也有余……"人生就是这样的，凡事要乐观的面对，不要让客观的因素左右自己的人生态度。

第十一章

心存感恩,世界更美好

感恩,是一种千古传唱的美好品德;感恩,是一种积极向上的人生态度;感恩,是一种促进成功的重要法宝;感恩,并不是宣扬一种消极的宿命论,而是一种积极的处世方式!

01　不幸，幸运的开始

人生启示：
好事未必不是坏事，坏事也未尝不是好事。

一天，国王与宰相在商议事情，适逢天下大雨，国王问："宰相啊！你说下雨是好事坏事啊？"

宰相说："好事！雨水的滋润让农民丰收，陛下正好可微服私访，体查一下民情。"

又有一天，天下大旱，国王又问："宰相啊！你说大旱是好事坏事啊？"

宰相说："好事！陛下正好可以开仓放粮，赈济灾民，让百姓感激陛下天恩浩荡，可以得民心呀。"

又有一天，国王出去打猎时，不小心断了小拇指，又问："宰相啊！你说这是好事坏事啊？"宰相说："好事！"

国王大怒，将宰相关入地牢。一天国王想去打猎，常陪自己出猎的宰相却被自己关了起来，于是就找了另外一位大臣陪同去打猎了。结果没想到误中土人陷阱被捉。土人想用这些俘虏里的首领祭天，结果因为国王不是全人（缺手指），免去被祭天的厄运。于是他们放了国王，换用了那位大臣。死里逃生的国王回宫后想起宰相说的"好事"应验了，于是赶紧将宰相从地牢里放出来。

这时国王又问宰相："我断了小拇指是好事，那我把你关在地牢里是好事还是坏事？"

宰相又答："好！好极了！要不是陛下将微臣关在地牢，陪陛下出猎的会是谁呢？微臣现在恐怕早已被土人杀掉祭天了。"

心灵絮语

我们要明白事物都有两面性，以平常心去看问题。不论任何事，有利就有弊，凡事都要善于从积极的角度去考虑问题，乐观的处世，你会幸福。福兮祸所倚，祸兮福所伏。感激幸运同时也感激不幸，因为不幸往往是幸运的开始。

02 感恩，让世界充满爱

人生启示：

我们来到这个世界，是为了看见太阳，感受温暖。

报纸在感恩节的社论版上有一则故事：

有一位教师要求她所教的一班小学生画下最让他们感激的东西。她心想能使这些穷人家小孩心生感激的事物一定不多，她猜他们多半是画桌上的烤火鸡和其他食物。

当看见杜格拉斯的图画时，她十分惊讶，那是以童稚的笔法画成的一只手。

"谁的手？"全班都被这抽象的内容吸引住了。

"我猜这是上帝赐食物给我们的手。"一个孩子说。

"一位农夫的手。"另一个孩子说。

到全班都安静下来，继续做各人的事时，老师才过去问杜格拉斯，那到底是谁的手。

不一样的成功启示录

"老师,那是你的手。"孩子低声说。

她记得自己经常在休息时间,牵着孤寂无伴的杜格拉斯散步;她也经常如此对待其他孩子,但对杜格拉斯来说却特别有意义。

心灵絮语

或许别人的给予是无意识的,也或许别人的给予是微不足道的,但没有任何人必须为你去做什么,为别人的给予去感恩,这正是每个人应当感恩的。生命的处处都会有些小事值得感恩,你会因此感受到生活的美丽。

03　感谢你的对手

人生启示:

父母不仅给了你生命,还给了你深深的爱。

动物园新近从国外引进了凶悍的美洲豹供人观赏。

为了更好地招待这位远方来的贵客,动物园每天为它准备了精美的饭食,并且特意开辟了一个不小的场地供它活动,然而美洲豹始终闷闷不乐,整天无精打采。

"也许是刚到异乡思乡情切吧?"

谁知过了两个多月,美洲豹还是老样子,甚至连饭菜都不想吃了。眼看着它就要不行了,园长惊慌了,连忙请来兽医多方诊治,检查结果又无甚大病。万般无奈之下,有人提议,不如在草地上放几只美洲虎,或许有些希望。

原来人们无意间发现,每当有虎经过时,美洲豹总会站起来怒目相向,严阵以待。

果不其然,栖息之所有他人染指,美洲豹立刻变得活跃警惕起来,又恢复了昔日的威风。

心灵絮语

没有对手你会有高处不胜寒的孤独感;没有对手你会懒惰而停滞不前。对手会让你发掘出自身的潜能;对手会增强你的竞争意识,激励你奋进;对手会让你感觉到存在的意义。感谢你的对手,正是他们使你变得更杰出。

04 父母养育之恩大于天,感恩父母之爱

人生启示:

世间最伟大的爱莫过于父母之爱,世间最值得感恩的人就是自己的父母。

一个男孩在离家二十多里的县城读高中。

在那一年感恩节的夜晚,他独自躺在床上看一本外国文集,看到了书中有一段故事:

一个远离父母的孩子,在他16岁那年的感恩节,他突然意识到自己长大了,他想到了感恩。于是,他不顾窗外飘着雪,连夜赶回家对父母说,他爱他们。

这孩子的父亲打开门时,他说:"爸,今天是感恩节,我特地赶回来

不一样的成功启示录

向你和妈妈表示感谢,谢谢你们给了我生命!"他的话刚说完,父亲就紧紧地拥抱了他,母亲也从里间走出来,深情地拥吻了他。

男孩子再也看不下去了,因为今天正是西方的感恩节,那种温馨的场面,一下子牵动了他的思乡情结。"我也要给父母一个惊喜!"他想。

已经是晚上了,没有了回家的车。于是他借了一辆自行车,就急忙的往回家赶,全然不顾天正下着雨。

一路上,男孩一直在想像着父母看到他时的惊喜。尽管汗水和着雨水湿透了衣服,他依然使劲地蹬着踏板,只想早些告诉父母我对他们的爱与感激。

终于,男孩站到了家门口,心情激动的敲响了门。门打开了,母亲一见没等他说话就问道:"你怎么啦?深更半夜的,怎么回来了,出什么事了?"男孩想了无数遍的话却说不出口了。迟疑了半天也没说出来,最后什么也没说,只是摇摇头说了声没事,走进了自己的房间。他想:难道文学和生活就相差这么远吗?父亲走出来问母亲:"怎么啦?""不知怎么了,"母亲说,"我问他,他也不说。让他歇着吧,明天再说。"

第二天早上,男孩起床后不见父亲,问道:"妈,爸去哪了,怎么不见他?"

"去你学校,问问你到底出了什么事?他担心着呢!"

"唉!"男孩叹口气说,"我什么事也没有,就是想回来看看你们。"

"你深更半夜地跑回来,什么也不说,我和你爸一宿没睡,天刚蒙蒙亮,你爸走了!"

男孩苦笑了一下,没想到感恩不成,却又让父母担心了一夜。

从那晚男孩明白,对于父母的感恩方式有许多种,并不一定是在深夜赶回家。男孩感恩却弄巧成拙,再一次感受到了父母那份深深的爱。

心灵絮语

给我们生命的是父母,养育我们的是父母,每天牵挂我们的是父母。数十年如一日,他们给子女深沉的关爱,甚至我们都已长大,都能独挡一面了,他们依旧不停地去关心爱护我们。动物尚知反哺,我们难道还不知道感恩父母吗?

05　乐观面对失败,就会快乐

人生启示:

以积极的心态面对不幸与意外,生活就会变得轻松而快乐。

一个人听说来了一个乐观者,于是,他去拜访乐观者。乐观者乐呵呵地请他坐下,笑嘻嘻地听他提问。

"假如你一个朋友也没有,你还会高兴么?"他问。

"当然,我会高兴地想,幸亏我没有的是朋友,而不是我自己。"

"假如你正行走间,突然掉进一个泥坑,出来后你成了一个脏兮兮的泥人,你还会快乐么?"

"我还是会很高兴的,因为我掉进的只是一个泥坑,而不是万丈深渊。"

"假如你被人莫名其妙地打了一顿,你还会高兴么?"

"当然,我会高兴地想,幸亏我只是被打了一顿,而没有被他们

不一样的成功启示录

杀害。"

"假如你去拔牙,医生错拔了你的好牙而留下了患牙,你还高兴么?"

"当然,我会高兴地想,幸亏他错拔的只是一颗牙,而不是我的内脏。"

"假如你正在睡觉,忽然来了一个人,在你面前用极难听的嗓门唱歌,你还会高兴么?"

"当然,我会高兴地想,幸亏在这里嚎叫着的,是一个人,而不是一匹狼。"

"假如你马上就要失去生命,你还会高兴么?"

"当然,我会高兴地想,我终于高高兴兴地走完了人生之路,让我随着死神,高高兴兴地去参加另一个宴会吧。"

"这么说,生活中没有什么是可以令你痛苦的,生活永远是快乐组成的一连串乐符?"

"是的,只要你愿意,你就会在生活中发现和找到快乐——痛苦往往是不请自来,而快乐和幸福往往需要人们去发现,去寻找。"乐观者说。

从此,拜访乐观者的人也明白了这个道理,因而,他的生活也充满了欢乐。

心灵絮语

在人的生命中,痛苦和欢乐总是并存,这世界并不会因为你不开心就停止运转,快乐需要我们自己用心去寻找。如果你遇事总是看到灰暗的一面,那你一定会很痛苦。太阳落下去了,明天依然会升起来,用豁达的心情去看待事情,那你一定是开心的。生命的本身是感受乐趣而不是为了痛苦,在历史的长河中,生命不过是个短暂的瞬间,没有任何理由让你失去快乐。感恩的心是快乐的,为一切事感恩你会时时都有快乐。学会感恩吧,拥有感恩的心,你会快乐一生!

06 感恩每一个为你付出过的人

人生启示:

要学会感恩,感激每一个为你付出过的人。

在一个闹饥荒的城市,一个家庭殷实而且心地善良的面包师把城里最穷的几十个孩子聚集到一块,然后拿出一个盛有面包的篮子,对他们说:"这个篮子里的面包你们一人一个。在上帝带来好光景以前,你们每天都可以来拿一个面包。"

立刻,这些饥饿的孩子仿佛一窝蜂一样涌了上来,他们围着篮子推来挤去大声叫嚷着,谁都想拿到最大的面包。当他们每人都拿到了面包后,竟然没有一个人向这位好心的面包师说声谢谢,就走了。

但是有一个小女孩却例外,她既没有同大家一起吵闹,也没有与其他人争抢。她只是谦让地站在一步以外,等别的孩子都拿到以后,才把剩在篮子里最小的一个面包拿起来。她也没有急于离去,她向面包师表示了感谢,并亲吻了面包师的手之后才向家走去。

第二天,好心的面包师又把盛面包的篮子放到了孩子们的面前,其他孩子依旧如昨日一样疯抢着,而羞怯、可怜的女孩只得到一个比

不一样的成功启示录

头一天还小一半的面包。当她回家以后,妈妈切开面包,许多崭新、闪闪发亮的银币掉了出来。

妈妈惊奇地叫道:"立即把钱送回去,一定是面包师揉面的时候不小心揉进去的。赶快去,孩子,赶快去!"当女孩把妈妈的话告诉面包师的时候,面包师面露慈爱地说:"不,我的孩子,这没有错。是我把银币放进小面包里的,我要奖励你。愿你永远保持现在这样一颗平安、感恩的心。回家去吧,告诉你妈妈这些钱是你的了。"她激动地跑回了家,告诉了妈妈这个令人兴奋的消息,这是她的感恩之心得到的回报。

感恩,是结草衔环,是滴水之恩涌泉相报。感恩,是一种美德,是一种境界。乌鸦有反哺之举,羔羊有跪乳之义。叶落归根,是为了感恩大地曾经的滋养;乌鸦反哺,是为了报答母亲当初的哺育,心存感激,滴水之恩当以涌泉相报。感恩,是一条人生基本的准则,是世上最不可缺少的情怀。懂得感恩的人,四周荡漾着温馨与笑脸;懂得感恩的人,时刻沐浴着灿烂的阳光;懂得感恩的人,无论走到哪里,那里都会变得美丽;懂得感恩的人,是世上最幸福的人;懂得感恩的人,他的心灵会像永不枯竭的甘泉一样清澈。

"感恩"是一个人与生俱来的本性,是一个人不可磨灭的良知,也是现代社会成功人士健康性格的表现,一个人连感恩都不知晓的人必定是拥有一颗冷酷绝情的心。在人生的道路上,随时都会产生令人动容的感恩之事。且不说家庭中的,就是日常生活中、工作中、学习中所遇之事所遇之人给予的点点滴滴的关心与帮助,都值得我们用心去记恩,铭记那无私的人性之美和不图回报的惠助之恩。感恩不仅仅是为了报恩,因为有些恩泽是我们无法回报的,有些恩情更不是等量回报就能一笔还清的,唯有用纯真的心灵去感动去铭刻去永记,才能真正对得起给你恩惠的人。

新闻曾经报道过这样的一件事:

2006年8月,湖北襄樊市总工会与该市女企业家协会联合开展"金秋助学"活动,19位女企业家与22名贫困大学生结成帮扶对子,承诺4年内每人每年资助1000元至3000元不等。入学前,该市总工会给每名受助大学生及其家长发了一封信,希望他们抽空给资助者写封信,汇报一下学习生活情况。

但很遗憾,一年多来,部分受助大学生的表现实在令人失望,其中三分之二的人未给资助者写信,有一名男生倒是给资助者写过一封短信,但信中只是一个劲地强调其家庭如何困难,希望资助者再次慷慨解囊,通篇连个"谢谢"都没说,让资助者心里很不是滋味。

2007年夏,当该市总工会再次组织女企业家们捐赠时,部分女企业家表示"不愿再资助无情贫困生",结果22名贫困大学生中只有17人再度获得资助,共获善款4.5万元。

多年来为资助贫困生东奔西走、劳神费力的襄樊市总工会副主席周萍,为此十分尴尬,她感觉部分贫困生心理上"极度自尊又极度自卑",缺乏一种正确对待他人和社会的"阳光心态",有的学生竟自以为"成绩好,获资助是理所当然的",缺乏起码的感恩之心。

将心比心,你不用真诚去对待别人,别人又如何会用真诚来对待你?想别人如何对你,首先你就要如何对待别人。一个只活在自己世界里的人不会心存感恩,一个只知道索取不知道给予的人也不会懂得感恩,一个从小活在蜜糖里的人也很难知道感恩,因为感恩的心来自

不一样的成功启示录

于曾经的缺失或一无所有,一个心胸狭隘、唯利是图的更不会懂得感恩,一个散失了体验爱的能力的人一样不会懂得感恩。这些人永远只关心别人给他多少,永远都以为别人对他的付出是理所当然,永远不知道其实一个人原本没什么义务必须要为他付出那么多,包括她的父母……

学会感恩,懂得知恩图报不忘恩负义,滴水之恩要以涌泉相报,受人一捧土还人一座山。学会感恩,懂得给别人机会就是给自己机会,赠人玫瑰手留余香,今天拉人一把,明天陷入困境也会有人拉自己一把。生活是面镜子,学会感恩,对生活时时保持微笑的心情,生活也会还你以微笑。

心灵絮语

感恩是生活中最大的智慧。时常拥有感恩之情,我们便会时刻有报恩之心。"感恩"之心是一种美好的感情,没有一颗感恩的心,你就永远不能真正懂得孝敬父母、理解帮助他的人,更不会主动地帮助别人。一个不会感恩的人,无论他现在或者将来在事业上有多杰出,权位有多高,从人格的角度而言,这样的人是很卑琐的,是心残之徒!

07 时刻保持仁爱之心待人

人生启示:

爱人者,人恒爱;敬人者,人恒敬。

第十一章 心存感恩，世界更美好

李嘉诚是华人首富，他的成功故事在激励着年轻一代，也许李嘉诚建立商业王国的天赋是难以复制的，但他为人处事的原则和时刻保留一颗仁爱人心待人却是我们可以学习的。李嘉诚说过："慈善不是我的责任，也不是我的义务，而是我的生活方式。"他一路走来磕磕绊绊，经过常人难以想象的艰辛走到今天，但他没有因为自己的成功和财富而自满，没有因为富裕而骄奢淫逸，用自己的仁爱之心对待需要帮助的每一个人，立志把慈善当做自己最后的事业进行到生命的最后一刻。

李嘉诚3岁时，家道中落，父亲也因病离开人世，刚上了中学没几天的李嘉诚就此失学。在兵荒马乱的年月，李家孤儿寡母生活艰难，作为长子的他不能不帮母亲承担家庭生活的重担。一位茶楼老板收留16岁的李嘉诚在茶馆里当烫茶的跑堂，也许对于老板来说只是举手之劳，但李嘉诚一生都铭记茶楼老板的善举。尽管茶楼天不亮就要开门，到午夜还不能休息，他也从不曾抱怨过一句，始终为能有一份工作养家而感到高兴。

随后，李嘉诚辞掉跑堂的工作，从塑胶厂推销员开始，一直干到了业务经理。三年后，20岁的他做好了准备，要大干一番。白手起家的他，在维多利亚港附近的一条小溪旁，租了一间灰暗的小厂房，买了一台老掉牙的压塑机，办起了"长江塑胶厂"。随后，经过反复考察，他认为塑胶花市场需求很大，于是大量生产，这为他带来了可观的收入。30岁的李嘉诚，已成了千万富翁。正在塑胶花畅销全球时，李嘉诚却敏锐意识到，越来越多的人进入这个行业，"好日子很快会过去"，如果再不调整，引起的后果不只是"溅湿衣裤"了。

不一样的成功启示录

随后他看好的是房地产。在企业创办不久,为了降低成本改善经营状况,李嘉诚的企业被迫大量裁员。在企业遇到困难的时候,裁员是很正常的事。但是,李嘉诚却认为,员工失去工作就意味着没有了生活来源。从艰辛中走过来的李嘉诚对此体会尤深。李嘉诚坦诚地承认,自己经营上的失误导致了裁员。他在向被辞退员工及家属表示歉意的同时承诺,只要经营出现转机,愿意回来的员工,仍然能在公司找到他们的职位。李嘉诚有诺必践,相继返回的员工都能比以前更加努力地姿态从事本职工作。李嘉诚这样说过:"人才取之不尽,用之不竭。你对人好,人家对你好是很自然的,世界上任何人也都可以成为你的核心人物。"李嘉诚叱咤商场几十年,经久不衰,与其对人才常怀仁爱之心不无关系。

在亚州金融风暴波及香港的时候,长江实业公司员工的公积金因外放投资受到不少损失。按理,遭遇这样的天灾大家只好自认倒霉。可李嘉诚却动用个人资金将员工的损失如数补上。宁可自己受损,绝不让员工吃半点亏的真情义举,这样的企业老板理当深得人心、深受员工的拥戴。常言道,以诚感人者,人亦以诚应之。李嘉诚用个人的损失,换取了比金钱更重要的东西,那就是员工的尊敬、忠诚和感恩。

李嘉诚又一次成功了。70年代初,香港房地产价格开始回升,他从中获得了双倍的利润。到1976年,李嘉诚公司的净产值达到5个多亿,成为香港最大的华资房地产实业。此后,李嘉诚节节高升,成为全球华人中的首富。

目前,一些人暴富后,一味贪图奢侈与虚荣,炫耀比阔,宣泄物欲,已成一种病态,而且具有极强传染力,导致社会心态失衡。这不仅割

第十一章　心存感恩，世界更美好

裂了中华民族"乐善好施"的传统，而且加剧两极分化和社会矛盾。大家应学习李嘉诚多做善事，将赚来的钱用在适当的地方，弘扬中华民族济贫恤孤的传统美德，对孤寡老人、贫困学子慷慨施助。

"不义而富且贵，于我如浮云。"这是孔子在论语里教勉学生的说话，也是香港一代富豪李嘉诚的座右铭。李嘉诚曾多次在公开场合中强调，金钱不是衡量财富的准则，更不能决定生命的价值。李嘉诚坚持"取诸社会，还诸社会"，设立了被他称为"第三个儿子"的"李嘉诚基金会"，主要对内地及外地的教育、医疗、文化、公益事业作出有系统的资助。根据基金会网站公布的数字，20多年来，基金会已捐出及承诺之款项约77亿元，其中64%用于内地的助教兴学、医疗扶贫、文化体育事业。他又积极推动旗下企业集团捐资及参与社会公益项目。基金会的项目亦为不少人所熟悉，包括为内地偏远地区贫困病人提供"医疗扶贫"行动；推出全国宁养医疗服务计划及捐资筹建和发展长江商学院等。精心呵护其发展壮大，以实现自己"奉献家国桑梓"的夙愿。对于李嘉诚来说，金钱并不是人生中最重要的因素。他常常说的一句话是，"富贵"这两个字必须分开而看，"富"者不一定"贵"，真正值得珍贵的，还在于你为社会做了什么，在于所做之事能否令世人得益："只有你做些让世人得益的事，这才是真财富，任何人都拿不走。"因此，他眼中真正的"富贵"，是必须懂得用金钱去回馈社会，如不能做到这样，即使拥有了金钱，也只不过是"富而不贵"。他并说："如果再有一生的话，我还是走这条路"。李嘉诚曾经笑言，自己大概有最少30%的时间，是用在公益事业上。他深信，仁爱是国家富强之本。

有位哲人说过的"财富如水"。如果是一杯水，你可以自己享用；

不一样的成功启示录

如果是一桶水,你可以储藏起来慢慢享用;而当它是一条河时,你就要学会与他人共同分享。仁义豁达、用仁爱之心待人,用爱宽慰、暖和无数颗渴望关怀心,用仁爱之心使我们这个人间到处充满了爱与温情吧。

人生的日子只有那么短短的几十年。可是在这纷纷扰扰的世界上,每天有多少爱多少怨恨滋生。若大家都能时刻保留一颗仁爱之心待人,那人世间怎么会有那么多解不开的怨恨,有那么多打不开的死结呢。世上并不是那么单纯无暇,每天有多少小人,多少恶人兴风作浪,但是那些细碎的怨与恨的生活片段伴终将随着岁月脚步渐渐远去,留下的只有那浓浓的化解不开的情,生活中的噪音必将凝结成一篇篇感悟。时光一秒一秒地流逝,随着时光一起流逝的是那些经不起风霜的凋谢的花朵,能经受霜雪的是永远苍翠的松柏,仁爱之心就是那永不凋零的花朵。

心灵絮语

以仁爱之心待人,任何人都可以成为上帝。生命就像一盏灯,他的价值在于尽己所能的照亮周围,让别人平安温暖,把感激留下。在给别人带来幸福的同时,你也会感到幸福。去帮助别人吧,当你感觉到你是一个被人需要的人时,你的生命价值也得到了体现。

第十二章

良好的心态，成就快乐人生

人生就要活得开心快乐，而快乐的心一定有个良好的心态。经历过的就是你必须经历的，我们无法改变现实，但可以改变自己的心态。没有月亮的时候，我们还能看到满天星光灿烂。良好的心态会让你生命的星空永远璀璨！

不一样的成功启示录

01　乐观的人总是看到希望

人生启示：
不同的人生态度会造就截然不同的人生风景。

两个见解不同的人在争论三个问题。

第一个问题——希望是什么？

悲观者说：是地平线，就算看得到，也永远走不到。

乐观者说：是启明星，能告诉我们曙光就在前头。

第二个问题——风是什么？

悲观者说：是浪的帮凶，能把你埋藏在大海深处。

乐观者说：是帆的伙伴，能把你送到胜利的彼岸。

第三个问题——生命是不是花？

悲观者说：是又怎样，开败了也就没了！

乐观者说：不，它能留下甘甜的果。

突然，天上传来了上帝的声音，也问了三个问题：

第一个：一直向前走，会怎样？

悲观者说：会碰到坑坑洼洼。

乐观者说：会看到柳暗花明。

第二个：春雨好不好？

悲观者说：不好！野草会因此长得更疯！

乐观者说：好，百花会因此开得更艳！

第三个：如果给你一片荒山，你会怎样？

悲观者说：修一座坟茔！

第十二章 良好的心态,成就快乐人生

乐观者反驳:不!种满山绿树!

于是,上帝给了他们两样不同的礼物:给了乐观者成功,给了悲观者失败。

心灵絮语

不论什么时候,乐观的人总会看到希望,悲观的人总是感到失望。不同的心态决定了不同的发展方向,不同的方向注定了不同的结果。乐观的人生活总是充实激昂的,悲观的人生活总是空虚失落的。不论在什么时候,都以乐观和健康向上的心态对待生活,你才会过得美满幸福。

02 打开不同的心灵之窗,看到不同的风景

人生启示:

打开不同的窗你会看到不同的风景。你怎样看待生活,生活就会怎样回报你。

阿丽生病了,住进医院。

最要好的老同学阿霞去看她,结果看到她一脸的"旧社会",憔悴不堪,而阿霞看上去比她年轻十岁。

阿丽拉着阿霞的手说:"霞姐,医生说我这是郁积成疾。唉,也难怪,你看我的命多苦。小的时候只能喝稀粥,看着别人家孩子吃大米饭;长大了终于吃上了大米饭,可别人家却天天吃饺子;当我能天天吃上饺子的时候,人家却又顿顿大鱼大肉;现在有鱼有肉了,而别人是小

汽车小别墅;我总是跟不上别人的步子,我的命怎么就这么苦!你看你多幸福,依然那么年轻漂亮,还有一个好老公疼你。"

阿霞说:"其实你知道的,我们的生活经历差不多,只是我比你想得开:喝粥的时候,我想到的是不再'瓜菜代'了;有了大米饭的时候,那不是比喝粥强多了?每天都有饺子吃时,那就是和以前过年一样,天天好日子。回过头去看看这些日子,是一步一个台阶,一天更比一天好,我们为什么不开心呢?说到漂亮,当年在一起时不都是人人夸你?你的老公对你不是百般照顾?你什么都不比我差呀!差的只是你的心态!生活是美好的,值得珍惜的,干嘛自己和自己过不去?人生就是几十年,关键看你怎么个活法儿。"

阿霞说完,阿丽从病床上跳下来,拉着她就要出院。

心灵絮语

皇帝有皇帝的苦恼,乞丐有乞丐的快乐。谁的一生都有不如意的事情,乐观的人看到的是人生越来越美好,悲观的人看到的是所有的事情都不如意。积极的心态让你蓬勃向上,让你体会人生的快乐;消极的心态让你自怨自艾,让你感受生活的苦难。为什么不让自己快乐起来了?

03 欲望,会失去快乐

人生启示:

欲壑难平,随着欲望的无限膨胀,你就会失去原有的快乐。

第十二章 良好的心态,成就快乐人生

有一天,一个国王独自到花园里散步,使他万分诧异的是,花园里所有的各种花和树木都枯萎了,园中一片荒凉只有一些小草。

后来国王了解到,橡树由于没有松树那么高大挺拔,轻生厌世死了;松树又因自己不像葡萄那样结许多果子,也死了;葡萄哀叹自己终日匍匐在架上,不能直立,不能像桃树那样开出美丽可爱的花朵,于是也死了;牵牛花也病倒了,因为它叹息自己没有紫丁香那样芬芳;其余的植物也都垂头丧气,没精打采,只有小小的心安草在茂盛地生长。

国王问道:"小小的心安草啊,别的植物全都枯萎了,为什么你这小草却这么勇敢乐观,毫不沮丧呢?"

小草回答说:"国王啊,我一点也不灰心失望,因为我知道,如果国王您想要一棵橡树,或者一棵松树、一串葡萄、一株牵牛花、一棵紫丁香,您就会叫园丁把它们种上,而我知道您希望我就是我,就是做小小的心安草。"

国王听了心安草的话深深地被感动,他说:"你们过去是花园里顶不显眼的,那么现在我要让你们成为顶显眼的。不,我现在不再让园丁种植其他的花草树木了,而只让他们来伺候你们,给你们最充足的水分和养料,给你们最好的照顾。"

于是,花园里就只剩下心安草在茂盛地生长,花园里的风景一天天变得单调了。但这都没有什么,奇怪的是,尽管这样,心安草却开始变得不安心了,因为它们对自己的期望越来越高,它们要求有更好的照顾和营养,它们以为只要通过精心的培养,它们最终就能同时拥有松树的挺拔、葡萄的多实、桃花的美丽和紫丁香的芬芳。可是由于达不到这样,它们就变得越来越苦恼,抱怨也越来越多,形容也就越来越憔悴了。最不妙的是,它们甚至开始变得越来越容不下其他的花草,偶尔有风或者鸟带来其他花草的种子,它们就中伤和排挤这些与它们

不一样的成功启示录

不同的花草,说这些花草不美,央求园丁把这些花草除去。甚至它们自己内部也互相妒忌,互相排挤。

于是,当国王又一次来到花园的时候,他看到的只是一片荒芜。

心灵絮语

随着经济条件和生活环境的改变,人们的视野开阔了,追求的目标也就随之改变了,这就像"矛盾论"一样,欲望也在不停的转化,而且越来越难以实现。当你回过头去的时候,你会发现自己是在一直不停地追逐中走过来的。人生是该不停努力,但别让过多的期望和过多的欲念,打乱你原来美好的生活。

04 一次失去也是另一个新的开始

人生启示:

人生这一大舞台正是让你在一次又一次的失去中获得力量和知识……

1914年的冬天,在瑟瑟的寒风中,美国加州沃尔逊小镇来了一群逃难流浪者。长途辗转流离,使他们一个个面黄肌瘦,疲惫不堪。善良而朴实的沃尔逊人,家家燃炊煮饭,友善地款待这些流浪者。镇长杰克逊大叔亲自为他们盛上粥食,这些流浪者显然已有好多天没吃到食物了,他们一个个狼吞虎咽,连句感谢的话都顾不上说。

只有一个年轻人例外,当杰克逊大叔把食物送到他面前时,这个骨瘦如柴的年轻人问:"先生,吃您这么多东西,您有什么活儿需要我

第十二章　良好的心态，成就快乐人生

做吗？"

杰克逊大叔想，给每个流浪者一顿果腹的饭食，每一个善良的人都会这么做，不需要什么报答。于是，他说："不，我没有什么活儿需要你来做。"

这个年轻人目光顿时暗淡下来，他硕大的喉结剧烈地上下动了动："先生，那我不能随便吃您的东西，我不能没有经过劳动，便平白得到这些东西。"

杰克逊想了想又说："我想起来了，我确实有些活儿需要你帮忙，不过得等到你吃过饭后再去做。"

"不，我现在就去做，等做完活儿，我再吃这些东西。"那个青年站了起来。

杰克逊大叔深深地赞赏这个年轻人，但他知道这个年轻人已经两天没吃到东西了，又走了这么远的路，可是，不给他做些活儿，他是不会吃东西的。杰克逊大叔思索片刻，说："小伙子，你愿意为我捶背吗？"

那个年轻人便十分认真地给他捶起背来。捶了几分钟，杰克逊便站起来："好了，小伙子，你捶得棒极了。"说完，将食物端在了年轻人的面前。年轻人这才狼吞虎咽地吃起来。

杰克逊大叔微笑着注视着年轻人："小伙子，我的农场太需要人手了，如果你愿意留下的话，那我就太高兴了。"

那个年轻人留了下来，并很快成了农场的一把好手。两年后，杰克逊把女儿许配给了他，并对女儿说："别看他一无所有，但他百分之百是个富翁，因为他有尊严！"

20年后，那个年轻人果然成了亿万富翁，他就是赫赫有名的美国石油大王哈默。

不一样的成功启示录

没有哪个人的一生会一帆风顺,命运都是处处坎坷荆棘。可是,走过了荆棘,跨过了坎坷,我们不是也收获了成熟吗?我们不是也经历了夏天的茂盛,秋天的灿烂,冬天的温情吗?

我们应该放开眼光,丢开繁琐,扩展心胸,走出围城。用成熟的眼光,更能发现一个秋末冬初新的天地。停顿一下,思考两天,就会到一个新的起点,找到一个全新的自我生存的意义。

会的时候,举起右手,不会的时候举起左手,这个世界应该明白我们的位置。用我们的长处,把这个公平的世界装扮的更美丽。即使失去很多很多,我们的内心还有令人羡慕的韶华和纯真。我们还率真,在我们挚情的人生之旅,每天都展现着有诗有画有梦人生世界的瑰丽。不必怀念曾经的恋情,不必感怀岁月的流失。不必慨叹曾经的辉煌,不必沉迷过去的过失。未来的日子里,还有更美更好的风景,就在前路等着你。

给日子留下一点轻松,给自己留下一份宿愿,给时间留下一点空隙。你抬头看,现在的季节仍是风清如水,天上的嫦娥依旧月圆似盘,浩淼的银河依然天蓝如洗,无垠的宇宙总是星朗如玉,这大自然的一切是上帝最公平的赐予。每一天都是一个新的开始。

新的开始,已经无须再附加庄严的仪式,记住关注、记住嘱托、记住期望、记住赐予就足够了。删繁从简,弃广求专,为十铺一,驱扰觅静,或许还会遇到迷茫、失落与磨难,但前进步伐是坚定不移的。一个新的开始,也是一个新音符的诞生,慢慢会谱成一支凯旋曲。

心灵絮语

总是患得患失的度过每一天,死死抓住即将失去的尾巴不肯松手。殊不知,只要这一松手,自己又会有机会把握新的机遇了。失去的时候,多放开眼光展望一下未来吧。失去未尝不是一个新的开始,丢掉冗重的行李,我们能更快更好地前行。新的开始,新的心态,用新的姿态迎接生活给我们安排的每一天。放下那些患得患失,放下那些犹疑不决,放下那些琐碎的念头,向失去的,向过去的做个彻底的告别,因为我们又有一个新的开始需要为之努力了。

05 不要被遥远的未来吓倒

人生启示:

任何付出都不会没有收获,只要你不失望,不半途而废,就有成功的那一天。

美国专栏作家威廉·科贝特曾在一篇文章中写道:"我们的目光不可能一下子投向数十年之后,我们的手也不可能一下子就触摸到数十年后的那个目标,其间的距离,我们为什么不能用快乐的心态去完成呢?"他的这番话就是自己的心路历程。

很多年前,年轻的威廉·科贝特辞掉了报社的工作,一头扎进创作中去,可他心中的"鸿篇巨制"却一直写不出来,他感到十分痛苦和绝望。

一天,他在街上遇到了一位朋友,便不由地向他倾诉了自己的苦恼。朋友听了后,对他说:"咱们走路去我家好吗?""走路去你家? 至少也得走上几个小时。"朋友见他退缩,便改口说:"咱们就到前面走走吧。"

不一样的成功启示录

一路上,朋友带他到射击游艺场观看射击,到动物园观看猴子。他们走走停停,不知不觉,就走到了朋友的家里。几个小时走下来,他们都没有感到一点累。

在朋友家里,威廉·科贝特听到了让他终身难忘的一席话:"今天走的路,你要记在心里,无论你与目标之间有多远,都要学会轻松地走路。只有这样,在走向目标的过程中,才不会感到烦闷,才不会被遥远的未来吓倒。"

这番话,改变了威廉·科贝特的创作态度。他不再把创作看作一件苦差,而是在轻松的创作过程中,尽情地享受创作的快乐。不知不觉间,他写出了《莫德》《交际》等一系列名篇佳作,成为美国一位著名的专栏作家。

生活就是这样,如果你能以一种豁达开朗、乐观向上的心态去构筑每一天,你的日子就会变得灿烂而光明。反之,如果你一味囿于忧伤、怨艾的樊笼,你的眼里就看不见灿烂和光明了,长此下去,你不仅可能会丧失对美好生活的信念,以及为信念而努力拼搏的勇气,而且还可能永远体会不到那些构成我们生命之链的、最近最真的细碎快乐。

在现实中,人们做事之所以会半途而废,其中的原因,往往不是因为难度较大,而是觉得成功离自己较远,这就像一个有关三只钟的寓言故事中所说的:一只新组装好的小钟放在了两只旧钟当中。两只旧钟"滴答""滴答"一分一秒地走着。其中一只旧钟对小钟说:"来吧,你也该工作了。可是我有点担心,你走完 3200 万次后,恐怕便吃不消了。"

"天啊!3200 万次!"小钟吃惊不已,"要我做这么大的事?办不到,办不到。"另一只旧钟说:"别听他胡说八道。不用害怕,你只要每秒滴答着摆一下就行了。""天下哪有这样简单的事。"小钟将信将疑，"如果这样，我就试试吧。"

小钟很轻松地每秒钟"滴答"着摆一下，不知不觉一年过去了，它摆了3200万次。

每个人都渴望梦想成真，但成功似乎远在天边遥不可及，而倦怠和不自信经常会让我们怀疑自己的能力，放弃努力，或者说，人生中最多的不是因为失败而放弃，而往往是因为倦怠而失败。在人生的旅途中，我们稍微具有一点智慧，一生中也许会少许多懊悔和惋惜；再不然，就像那只钟一样，每秒滴答一下，不去想以后的事，不去想一年甚至一个月之后的事，只要想着今天自己要做什么，明天自己要做什么，然后努力去完成就足够了。这样，成功的喜悦就会浸润我们的心田。

在追求人生目标的过程中，我们有时也会被途中的细枝末节和一些毫无意义的琐事分散精力，扰乱视线，以致中途停顿下来，或是走上岔路，而放弃了自己原先追求的目标，这是最可怕的。应该怀着愉悦的心情在成功的路上一步一步向前迈进，这样不仅会实现自己的目标，而且在奋斗的过程中才不会感到是一种付出，而是一种实实在在的得到。

心灵絮语

无论你与自己心中的目标有多遥远，切记不能将困难在想象中放大，学会用轻松的心态面对一切，轻松地走路才不会被遥远的未来吓倒。要知道，可持续性发展比一下子就到达顶峰要明智得多，留点余力明天用，还可因为每天进步一点点，而每天快乐一点点。

不一样的成功启示录

06 黑夜过去之后黎明就会来到

人生启示：

生命总是循环反复的，不会总是黑夜不会总是寒冷的冬天。

有一个黑人小姑娘，在家中22个孩子中排行20，由于她出生时母亲遭受意外导致她早产而险些丧命。在她4岁的时候患了肺炎和猩红热，所以她的左腿因此而终身瘫痪。9岁时，她努力脱离金属腿部支架开始独立行走。到13岁时，她已经勉强可以比较正常地行走，医生认为这真是一个奇迹。同一年，她决定要成为一名跑步运动员。于是她参加了一项比赛，结果却是最后一名。随后的几年里，她参加的每一项比赛都几乎是最后一名。每个人都劝她放弃，但是她还是坚持跑着。直到有一天，她终于赢得了一场比赛。从此以后，胜利不断，直到在每一场比赛中取得胜利。这个黑人小姑娘就是享誉世界的"黑色羚羊"威尔玛·鲁道夫——3枚奥运金牌的获得者。

在一次电台的面试当众，一位面试官拒绝了一个年轻人的请求，因为他的嗓音根本就不符合广播员的要求。面试官还告诉那个年轻人，由于他那令人生厌的冗长的名字，他永远也不可能成名。可是这个年轻人并没有因此而泄气，他孜孜不倦地在自己的行业里打拼，成功并没有因为他的嗓音而远离他，也没有因他冗长的名字而阻挡他成功的脚步，几年后他终于赢来了成功。这个年轻人就是后来印度电影界的"千年影帝"阿穆布·巴克强。

1940年，一位年轻的发明家切斯特·卡尔森带着他的专利走了

20多家公司,包括一些世界最大的公司,它们几乎都无一例外地拒绝了他。他们认为他的发明不值一提,根本不可能运用现实的生活中。他一直没有停止前进的脚步,仍是一家一家的公司试过去。1947年,在他被拒绝7年后,终于,纽约罗彻斯特一家小公司肯购买他的专利——静电复印。这家小公司就是后来的施乐公司。切斯特·卡尔森也几乎成了家喻户晓的人物。

1944年,"名人录"模特公司的主管埃米琳·斯尼沃利告诉一个梦想成为模特的女孩——诺马·简·贝克说:"你最好去找一个秘书的工作,或者干脆早点嫁人算了。"因为她的表现在姑娘们当中实在是太差了,她总是受到主管的批评。她的积极性并没有因此而打消。最后她红遍了全世界,这个女孩就是玛丽莲·梦露。

1954年,"乡村大剧院"旗下一名歌手在进行了首次演出之后就被开除了,老板吉米·丹尼对那名歌手说:"小子,你哪儿也别去了,回家开卡车去吧。"歌手离开了剧院,但并没有放弃追求自己的梦想,最后他凭借自己的实力在歌坛一举成名,而且经久不衰。这名歌手名叫艾尔维斯·普雷斯利,绰号"猫王"。

1962年,有4个初出茅庐的年轻音乐人紧张地为"台卡"唱片公司的负责人演唱他们新创作的歌曲。这些负责人却对他们的音乐不感兴趣,拒绝了他们发行唱片的请求。其中一位负责人甚至还说:"我们不喜欢他们的声音,也相信没有人会喜欢,而且吉他组合很快就会退出历史舞台。"然而他们4个人没有丧气,相互鼓励,继续努力,最终取得了里程碑式的胜利。吉他组合不仅没有退出历史舞台,而且成为了经典,再次风靡一时。这4个人的音乐组合名字叫做"披头士"。

总之,这些人的成功不是取决于黑暗时光有多黑有多久,而是取决于每个人对黎明的定义及向往程度有多强烈。黑夜过去预示着黎

不一样的成功启示录

明即将来临,人生在世就是等待着一个个的黑夜的降临和迎接黑夜后黎明之后的美好!人要向前看,不能因为眼前的黑暗就放弃了即将来临的黎明,黎明后还有许多许多的美好的东西要我们去欣赏,不管现在的你处于什么样的黑暗当中,只要你相信黎明马上来临,并且更期望看到黎明后的美好光明,相信一切会过去的,一切会好的。想想美好的以后,眼前的困难算的了什么呢?美好的事儿依然会向你走来。

心灵絮语

没有人能随随便便成功,每个人的一生都会经历黑暗,只要坚持必胜的信念,只要对黎明有强烈的渴望,相信黎明就会在黑暗过去之后到来。阳光会重新洒满我们的房间,光明和希望只属于那些努力追求的人。为了心中的梦想,努力向前冲吧,相信头顶乌云迟早会散去,黑暗的时光终究会过去,放开手脚迎接黎明前的刹那,我已经看到了希望的曙光。所以让我们勇敢地向前走吧,再黑暗的夜晚,也会被黎明挥袖拂去,明天将又是一个新的开始!!

07 失去了一切，你还拥有未来

人生启示：

失去的时候不必喟叹命运的不公，不必追悔昔日的不努力，从脚下这一步开始迈出，未来仍是属于我们的。

克里曼特·斯通于1902年5月4日生于美国芝加哥贫民区。

他童年时父亲便离开了人世。由于生活困难，斯通卖报赚钱维持生计。

斯通的母亲是位很有修养的美国妇女，她省吃俭用，把积攒的钱投资于底特律的一家小保险公司。后来干脆成了这家小公司的保险推销员。

年少的斯通深受母亲的影响，在初中升高中的那年夏天，他开始利用假期为保险公司推销保单。当他按照母亲的指点，来到一栋办公楼前时，他不禁犹豫了。进还是不进呢？在大楼前徘徊了一会，他感到有一点害怕，他想打退堂鼓。

这时，他的脑海里出现了当年卖报时的情景，斯通站在那栋楼前，一面发抖，一面默默地对自己说："当你尝试去做一件对自己只有益处，而无任何伤害的事时，就应该勇敢一些，而且应该立刻行动。"

他毅然走进了大楼，他想："如果我被踢出来，我会像当年卖报纸时那，再一次壮着胆进去，决不退缩。"

就这样，他进行了他保险生涯的第一次拜访。

第一天的推销，他还发现了一个秘诀，那就是当他从一间办公室出来时，马上冲进下一间办公室，这样，由于时间上不给自己犹豫，避

不一样的成功启示录

免了思维的空间,从而可有效地克服自己的畏惧感,出节省了途中时间的浪费。

最后,通过他的努力,他争到两位客户。对斯通而言,这是人生旅程的一座新里程碑。

斯通 20 岁时,他创办了一家保险代理公司,取名为"联合保险代理公司"。公司刚开张时,就他一个工作人员。开张营业的第一天,居然有 50 多位客户投保。联合公司的信誉慢慢地受到当地人的叫好,有一天,他居然推销出 120 多份保单,令人难以置信。

斯通 36 岁时已成为名百万富翁。他创办的公司后来成了美国混合保险公司。截止到 1990 年,公司的营业总额达 2.13 亿美元。公司拥有 5000 位保险推销员。

斯通一生都从事推销,既推销保险,也推销信念和成功的方法。

他与人合作出版《以积极的精神态度获得成功》一书,发行 25 万册。1962 年,他又出版畅销书《永不失败的成功之道》。后来,他买下霍斯恩出版公司。

斯通身兼三职,美国混合保险公司的董事长,阿波特公司的董事,霍斯恩公司的董事长。

他成了美国最富有的人之一。在 20 世纪六七十年代,就拥有 4 亿美元的资产。

斯通过于自己的成功,他是这样认为:"遭遇困境时,保持乐观向上的态度,待机东山再起。推销的成功取决于你对工作的态度。"

心灵絮语

只要心里的灯不灭,前行的路上仍然有希望。乐观与自信成为前

第十二章 良好的心态,成就快乐人生

行路上的加速器,伴随着我们坚定向前的步伐,鼓舞着我们依然前瞻的心。有时候,任何人、任何事都可能成为一盏灯,适时适地映照着迟缓的步伐,给我们予一股恰到好处的行动勇气。然而,更多的时候心灯要靠我们自己去点亮,路还是要走的,匍匐摸索,总比屈身停滞好。就算失去了一切,我们还拥有未来!